維持可能な社会と自治体

～『公害』から『地球環境』へ～

宮本 憲一

地方自治土曜講座ブックレット No. 101

はじめに

久し振りに土曜講座にお招き頂き、ありがとうございます。

この講座は、私どもにとっては大変羨ましい非常に立派な講座です。

今日は環境問題を中心にお話をしますが、テーマそのものが、歴史的に見ましても理論的に見ましても非常に大きい問題ですので、今日は「今、何を考えればいいか」というところに最後の結論を持っていけるようにお話をしたいと思っております。

「環境問題」は人類の歴史と共に始まったといってもよいのですが、これが日常的な生活問題として現れてくるのは、産業革命以降です。産業革命以降の工業化、都市化という近代化の中で、どの国も、この「環境問題」、とりわけ深刻な「公害問題」に悩まされてきたわけです。

日本の場合、産業構造の上でも地域構造の上でも生活の上でも、イギリスが三〇〇年かかった近代化の道を一〇〇年で進めるという、急速な変化を進めましたが、人権を保障する法制度あるいは政治というものが十分に行なわれないまま、近代化の道を突っ走りました。その結果、他の国以上に、非常に激しい「公害問題」が明治以来起こったのです。

戦前の公害問題

戦前のエピソードを少しだけ申しておきます。

公害事件としては有名な「足尾鉱毒事件」がはじまりですが、すでに明治一〇年代以降、都市・農村にわたり、亜硫酸ガスによる大気汚染問題や重金属、化学物質による水汚染など公害問題が頻発します。

これにたいし、戦前にも非常に激しい「公害反対運動」が起こりました。この戦前の「公害反対運動」は、産業間の対立という側面が非常に強く、工業化に対して生活が破壊されてゆく農漁民の抵抗という形で、指導者も地主に率いられた農民中心の反対運動でした。しかし、大変激しい、それも半世紀も続くという反対運動もあり、この間に日本は非常に優れた公害対策を進めました。

一例として、四阪島煙害事件をあげましょう。住友金属鉱山が愛媛県の別子銅山を開鉱し明治一八八三（明治一六）年に愛媛県の新居浜に製錬所を移し、一八九三（明治二六）年から深刻な大気汚染が発生したので、四阪島という無人島を買って操業を始めるのです。しかし、それでも深刻な大気汚染公害が起こって、激しい農民運動が起こった。最初、自治体は、住友の側についていたのですが、劇作家の飯沢匡さんのお父さんで内務官僚として抜群の力を持っていた伊澤多喜男が愛媛県の知事になりまして、自治体が主導権を持ってこの農民運動と共に住友に対策をとらせまして、住友は一九二九年に、世界最初の亜硫酸ガスを煙の中から抜くという画期的な「公害対策」をします。

他の国の歴史教科書の中では間違って「排煙脱硫」は戦後のことだと書いてあるのですが、そうではなくて日本ではその時期にそういうことを行ったのです。これは農民運動の力です。

都市の例をあげると、東京高商（いまの一橋大学）教授を辞めて大阪市の助役、そして市長になった関一（せきはじめ）という人がいます。この人がおそらく日本の歴史上最大の理論と実践を統一した市長だったと思います。

この関一の下で大阪市に「衛生試験所」ができて、世界最初の「常時大気汚染観測」が始まります。大正時代のことです。大阪は「煙の都」と言われていましたが、この関一の下で急速に煤煙が減ってきまして、成果がドンドン上がっていったのです。

図１　大気汚染に関する技術・研究活動の変化

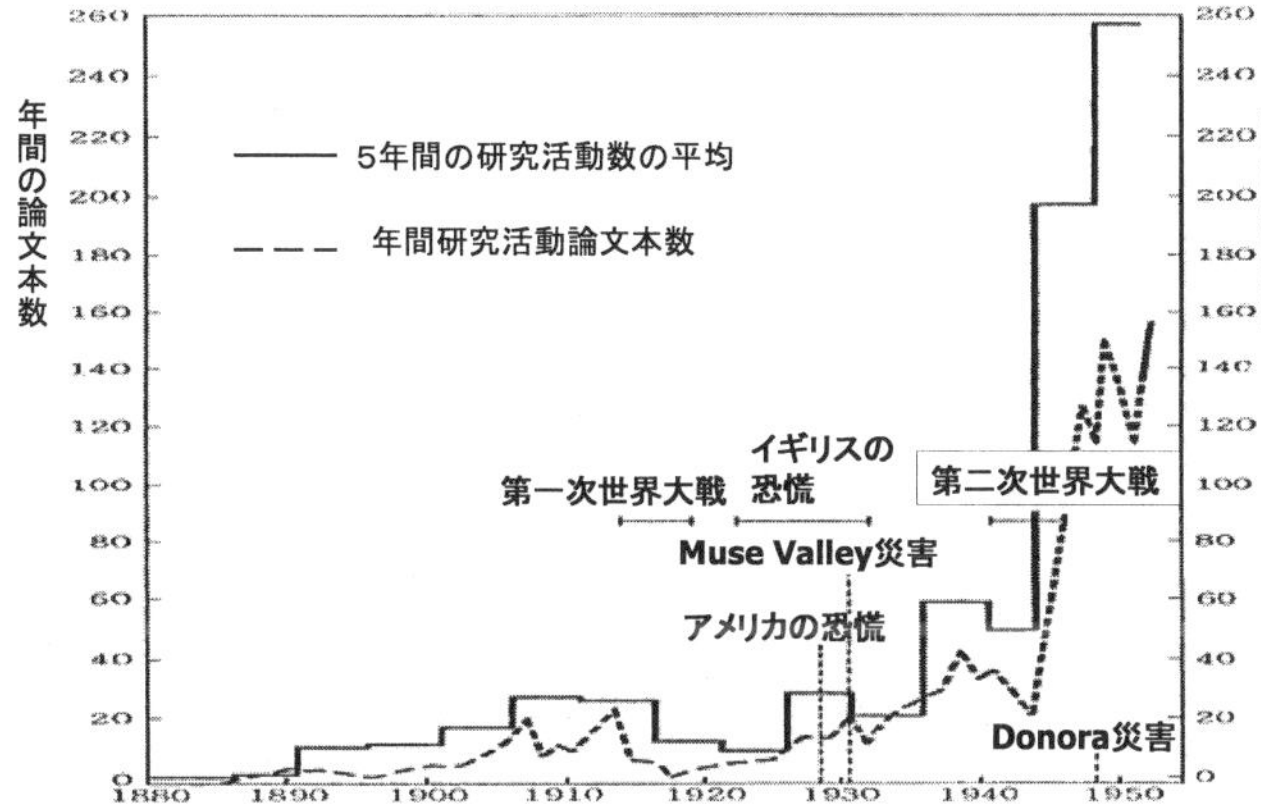

出典: E.C.Halliday, “A Historical Review of Atmospheric Pollution” (WHO: Air Pollution, 1961), p. 11

今、二つの事例を申しましたが、とにかく日本は、大正の終りには戦後やるべきであった公害対策の「原理」はほとんど全部分かっていて、その幾つかは成功していたといっていいと思います。

これは、戦前における住民の公害反対、権利を守る力がそうさせたのであって、その意味でいいますと、環境問題に対する行政、企業の技術革新は、決して今問題になったのではなく、戦前にあったということです。私どもにとっては、むしろ、その歴史に学ばなかったことが問題だと思います。それはやはり、恐慌と戦争のせいであります。

図１は戦前における大気汚染に関する世界中の技術研究活動の変化を調べたものですが、これで分かりますように、恐慌と戦争がある時期には公害対策の研究や活動がガタっと落ちてしまうのです。これ

は日本がそうだったし他の国もそうだったのです。

つまり、戦争というのは、人間の生活を安全にしていく行政や技術の発展を阻むことが明らかであると思います。

日本の場合、せっかく昭和の初期までに開発されてきた「公害対策」が完全に途絶します。大阪の場合も昭和一〇年に関一がチブスで死にます。それまでは、関は飛行機に乗ったりしまして、上から煙がどういうふうになっているかと観察をしていたほどですが、戦争になりますと、「空襲に合わないために煙はうんと出したほうがいい」という全く逆の論理になってしまいます。それ以降、ついに日本の公害対策の技術の歴史あるいは行政の歴史は途絶してしまったわけです。これは戦争の報いだと思います。戦後非常に急速な経済成長が行われていったわけですが、戦前の伝統を断絶したということが非常に大きな失敗になりました。

I　環境問題の基本的理論

日本の経験に基づいて

1　深刻な公害問題から環境問題へ

(1)　急速な経済成長と深刻な公害問題

戦後は、深刻な四つの公害裁判になりました事件が起こります。

a　二つの水保病（メチル水銀中毒）

二つの水俣病はチッソの犯した犯罪といってもいいような熊本県水俣市の水俣病と新潟県の昭和電工の水俣病です。これはいずれもアセトアルデハイドを作るときに複生される水銀が有機化して起こった中毒事件です。

実は、戦前から魚介類の被害は出ておりまして、いま分かっているのでは一九五三年に最初の水俣病患者が出たのではないかと推定されております。

公害事件というのは、最初に疫学調査を完全にやることがその後の対策の死命を制します。ところが、ここでは最初、原因不明とされ、疫学の調査は、周辺だけで行われました。魚は海を移動しているのですから、有明海の全域で調査をすればよかったのですが、それをやりましたのは水俣病問題がおこって一〇年後のことでして、その間に十分な調査を行わなかったものですから、いまだに一体どのぐらいの患者が出たかさえ分からないわけです。約二万人の患者が出たと我々は推定しておりますが、五万人という人もいます。

しかし、もう今になっては調べ様のないことです、この事件では初動の科学者の原因解明は決して遅くなかったのでして、昭和三四年にはもうほぼ原因物質については確定していたわけですが、企業と政府の対応が遅れて、結局次々と患者が発生する。しかも企業は、事件が深刻化すると、排水口を港ではなく水俣川の河口部分に移したものですから、それで結局有明海全体を汚していく非常に深刻な状況になってしまうのです。

これは私どもに、最初に疫学調査と原因の究明が行われなければならないという非常に大きな教訓を残した大きな事件で、おそらく産業公害としては世界最大の被害を残したといってもいいと思います。しかも、熊本水俣病が発生し科学的に解明されていたにもかかわらず、政府は規制を怠ったので、昭和三九年、新潟県で第二の水俣病が発生しました。これは企業だけでなく行政の過失といってよいでしょう。

b　イタイイタイ病（カドミウム中毒）

三つ目は、神通川流域のイタイイタイ病です。これも戦前から、三井金属鉱山の排水が米の収穫を落としておりましたので、足尾鉱毒事件同様に、神通川流域で何らかの健康被害があるだろうと、考えられたのです。

地元の萩野昇さんというお医者さんが最初から疑いを持って調べて、学会で発表されたんですが、日本の学会の悪いところで、大学の研究者が言えば認める事も町医者が言っていると、なかなか信用してくれない。そういう問題があり、これも原因の究明が非常に遅れてしまったのです。実際、これも何人患者が出たかというのは今のところ分かりません。政府が認定した一二九人の患者がいますが、ほとんど亡くなられています。

最近になりまして、国際シンポジウムが開かれまして、私も参加したんですが、日本のカドニウムに対する基準が甘すぎる。ヨーロッパ並にしなくてはならないという討議が行われました。これまで政府や一部のジャーナリストは、このイタイイタイ病は幻の公害病だといって否定してきたのです。

しかし、国際シンポジウムでは出席したすべての学者は「イタイイタイ病の原因はカドミウム中毒である」ということを承認しました。

これは劇的なシンポジウムで、最後の結論で各国の専門研究者がズラッと並んだところで、「富山のイタイイタイ病はカドミウム中毒と思うか思わないか」ということで、手を挙げさせたんです。最後の結論のシンポジウムで全員がカドミウム中毒だと言ったのですから、これは非常に重要なことです。

イタイイタイ病がなぜ「いたいいたい」というかと言うと、骨にカルシウム分の代わりにカドミウムがくっつくものですから、骨が弱くなっているわけです。それで笑ったりすると顎の骨あるいは胸の骨が折れてしまうわけです。寝ているときに寝返りを打つと脛が折れる。そういうので痛いのです。最後まで、精神が正常なんですが、痛くて痛くて食事が取れなくて衰弱して死んでしまうという、本当に悲惨な病気です。

この一二九人の患者はすべて中年の経産婦なんです。つまりおなかに子供がいるときにカルシウムが子供に移植されていって、それに代置してカドミウムが入ってきて、弱くなる。彼女たちが家事ができなくなり、一家破滅というような現象を起こした非常に悲惨な事件でした。

最近の研究の結果、腎障害が出てくるということも分かっておりまして、少し認定の範囲が広がり始めており、必ずしも中年の経産婦だけでなく、すでにカドミウム中毒にかかっている男性患者が今認定され始めています。

この三つの世間を揺るがした「公害事件」は、いずれも実はどちらかというと戦前型の公害事件であります。例えば、水俣病の場合は戦前から行われていた電気化学の産物ですから、石油化学になりますと、もうそういう製造工程はなくなってしまう。イタイイタイ病の場合も、カドミウムが全く使われない物質で廃棄していましたので、廃棄物の中に入っていたんです。今は、例えば、皆さんが使われているカドミウム電池はカドミウムがもう有害物質になっていますので、回収します。従ってイタイイタイ病のような深刻な公害はなくなったのは当たり前の話です。

今、中国などで発生しているようです。それはカドミウムをいまだに廃棄している鉱山の周辺で起こっているのです。またEUはカドミウムの排出基準に厳格です。この二つの事件は戦前から継続してきた事件だといっていいと思います。

c　四日市ぜんそく（四日市市石油化学コンビナート）

それに対し戦後の市民の目を覚ましたのは、四日市の公害事件でした。

四日市はもともとは「万古焼き」とか繊維工業の伝統的な内陸工業都市だったのですが、戦争中、海軍がここを燃料廠に指定したことが発端になり、戦後、ここに東洋最大の最新鋭の大石油コンビナートが作られた。通産省主導の下に、重油専焼発電所、石油化学などの化学工業をセットにする、モデルコンビナートを四日市に作ったのです。つまり石油を燃料や原料にして発電所をつくり、その周辺に、エネルギーを使う例えば鉄鋼とか造船とか自動車とかの産業を配置する。石油を軸にしてこういう集積の利益を最大限に上げる方法で工業地帯を作ることによって、これからの地域開発を進めたいと考えたのです。

それを成功したと見て、その後全国に波及させていくわけで、これを我々は「拠点開発」といっておりますが、第一次全国総合開発の目玉になっていくのです。いわば、日本の高度成長の機関車として、こういうコンビナート方式が作られていく。北海道の苫小牧地区もそういうコンビナート方式をもって拠点開発をしようとした地域なんですね。

従って、これは日本の資本主義の、戦後の最も重要な基幹部分だと考えられていたわけですが、そこで深刻な「公害問題」が起こったわけです。

まず、水が汚染され、魚がとれなくなりました。ついで周辺部で約千人の喘息患者が発生した。これは非常に大きなショックを与えたわけです。例えば東京大学の工学部の人達は、この四日市は石油を中心にしているので石炭中心の北九州などとは違って、青空と緑の新しい工業都市になるというプランを作って、それを世界中に英文で書いたものをばらまいて、ここに日本の新しい戦後の象徴があるように書かれているのです。ところがその予測とは全く反対に公害が起こったのです。

実は、戦後の公害問題の出発点はここから始まっております。

この問題が起こりますのが大体、昭和三四、五年、一九六〇年前後ですが、その頃はまだ「水俣病」も「イタイイタイ病」も患者が完全に孤立しておりまして、公害の「コ」の字も言えない状況にあったのです。

四日市コンビナートの場合にはこれが最も進んだ技術で、しかも日本の高度成長の担い手になるというところで深刻な公害を起こしたということで、国民に対する衝撃は非常に大きかったのです。

実はこの四日市ゼンソクも政府は隠しておりました。地元の名古屋大学と三重県立医科大学が委嘱を受けて調査をしたのですが、そこでは明らかに海の汚染の原因も周辺の四日市喘息といわれた大気汚染患者の原因もすべて石油コンビナートにあるという報告書が一九六〇年には提出されていました。三重県はこれを金庫の奥深くにしまってしまい、公表しなかったのです。公表すると以後の日本の経済成長はストップすると考えた通産省と三重県が姑息にもそれを隠したんだと思います。

今の自治労は全然力がありませんが、当時の自治労には力がありまして、一九六一年に静岡県で開きました地方自治研究集会の席上で「地域開発の夢と現実」という分科会で三重県職労と四日市職労がこの秘密にされていた調査結果を公表したのです。これは自治労の運動の中では特筆すべき国民運動だったと思います。全国の自治体労働者だけでなく、報道機関が当時はずいぶん来ておりました。それで衝撃を与えたわけです。

日本の先端を行っている工業地帯で深刻な公害問題が起こっているという事実が始めて暴露されたのでして、これから公害という概念が全国的に波及していくのです。私はその意味では自治労のやったこの運動は非常に大きな功績があった。、よく労働組合は公害を隠してしまい、市民と対立すると言われているんですが、この四日市公害の告発は少なくとも労組の運動として歴史に残ることだと思います。

後にこの研究集会で四日市同様に各地の地域開発を告発した職員が処分されたり、いろんな苦しい目に遭うんですが、しかし彼等とすればこれは行政上の機密を漏洩するわけではないと、市民にとって最も重要な被害が起こっているんだから、この事実を明らかにするのが自治体労働者の使命だということで、公表したんだと思います。

雑誌『世界』も早速これを取り上げまして、「地域開発の夢と現実」という座談会を、私を中心に行ったのです。これに刺激をされて私も初めて一九六一年から二年にかけて四日市の調査に入りまして、それが公害を終生研究するきっかけになったのです。

d 大都市、産業都市における汚染

この時期一九六〇年頃には、大都市や産業都市における汚染は恐ろしい状態になっていました。例えば、大阪ではスモッグが年間一六〇日をこえました。亜硫酸ガスが一日平均で一ＰＰＭ（正常値は〇・〇四ＰＰＭ）を越える日が何回もある。河川はＢＯＤで計りまして三〇ＰＰＭとか五〇ＰＰＭになる（正常値は二ＰＰＭ）。

かつては、例えば、大阪で言いますと、中之島の辺りは昭和の初めまでは水練学校があり、そこで水泳をしていると下の小石が見えたといわれているのです。しかし、一九六〇年代には完全などぶ川になってしまったていた。そういう状態が、東京、大阪、あるいは工業都市では発生し、公害は深刻になっておりました。

スモッグと言いまして、二キロ先が見えなくなるような日が一年間で一五〇日を越えるという都市があちこちに出てきたわけです。これは人間の住む環境ではないわけで、私は地獄の状況であったと思うんですが、もしもそういう状態が続いていたならば、日本の大都市と産業都市の市民はすべて公害患者になっていたというような状況が実は続いてきていたのです。

一九八八年当時「公害健康被害補償法」により認定された大気汚染の認定患者が一〇万人とい

われています。しかし、これは自ら、公害病として申請された数字ですから、例えば子供は認定患者になると修学旅行に行けなくなるというんで親が黙っていることなどもあり、川崎の例などでは認定された患者の一〇倍患者がいると言います、これが事実とすると八〇年代には一〇〇万人ぐらいの人が大気汚染で何らかの障害を受けていたと思います。

最高時には、この「補償法」で、企業は毎年、拠出していた補償額が一千億円。こういう事例は世界中にないことでして、いかに高度成長の過程で日本の公害問題が深刻で、かつそれが一応こういう形で表面化したかということを示しているように思います。

(2) 環境問題の原因は？

市場の欠陥

この原因の一つは「市場の欠陥」と経済学では言います。つまり、利益を求めて市場の原理の赴くままに安全の費用を節約していく。とくにこの市場制度の最高の発現形態が今の日本の資本主義のようなものでありますから、「企業の欠陥」と言ってもいいと思います。企業が利潤を上げようとしまして安全の費用を節約し、かつ共同の財産と言ってもいいコモンズとしての「環境」

の価値を無視する。

それからもう一つ、日本の場合、非常に問題があったと思いますのは、加害責任をなかなか認めない。例えばチッソにしろ四日市のコンビナートにしろ、裁判で敗訴するまでは全く企業責任を認めないわけです。そして認めないから対策を遅らせていくわけで、その結果として被害が長引き拡大をしていったわけです。こういう「市場の欠陥」がある場合に経済学では、これを是正する法的な対策が必要であるというふうに言います。

政府の欠陥　―法律の欠陥

ところが、日本の場合、「政府の失敗」というのがあるのです。二重なんですね。「市場の欠陥」があると同時に「政府の失敗」が重なってくるわけでして、このためにいよいよ環境問題は深刻になるということです。

a　「工場排水規制法」、「水質保全法」（一九五八年）

その一つの例としまして、日本の場合、法律に非常に欠陥があったわけでして、公害対策のための法というのは一九五八年の「工場排水規制法」、「水質保全法」が始めてです。

それまでにも公害は深刻になっておりましたので、自治体はすでに東京・大阪・福岡で公害防止条例を作っていたのですが、経団連の反対に合いまして、厚生省は出そうとしていた環境保全の法律を出せない。

ところが「国策パルプ」が江戸川に汚い排水を流し、魚が取れなくなったというので漁民が国策パルプの中に乱入するという大事件が起こります。その結果、政府は慌てまして、これが議会で問題になって、結果としてようやく一九五八年に最初の公害法ができるわけです。

私たちは、当然この段階で、水俣病が深刻な状況になっていたのですから、これは水俣病問題に適応されると考えていましたが、適応しなかったのです。そしていつまでも水俣病対策を取らないでいたのでして、そういう意味ではこの法律自身はザル法です。この法律が、水俣に適応されるのは六八年のことです。

その時はもうチッソは、原因物質であるアセトアルデハイドを作る工程を止めて石油化学に移行したのです。これは完全な通産省の化学工業保護でして、法律そのものがありながらそれを適応しないできた。つまり法律があったって駄目だということです。

b 「ばい煙規制法」（一九六二年）

四日市は、政府の命運をかける高度成長の拠点であり、それを保護・拡大したいと思っていた政府の産業政策の中心でした。しかし、さすがに四日市で深刻な公害問題が起こり、患者が絶望して自殺者が出てくるということになりますと、なんとかしなくてはならないというので、一九六二年に調査団を派遣します。その調査団が三重大学や名古屋大学の調査結果を認め、やはり煤煙を規制しなくてはならないというふうに考えて、始めて大気汚染防止の法律が一九六二年に成立をします。

これは四日市公害を対象としていたと同時に、コンビナートを全国に作っていくについて、こういう法律がないと抵抗があってできないのではないかと思って作った法律なんです。

この「ばい煙規制法」を見たときに私は仰天しました。なぜかと言いますと、昭和四年にすでに住友金属鉱山は排煙脱流という世界的な技術を開発していて、その時の煙突から出る亜硫酸ガスの濃度は一九〇〇ＰＰＭまで落としていました。これは画期的なことなんですね、大体二万とか三万とか一〇万とかいう単位で出ていた濃度を一九〇〇ＰＰＭまで落したのです。

ところがこの法律は、二二〇〇ＰＰＭまでの規準なんです。戦前でさえできた基準よりもルーズな基準で法律を作った。つまり、二二〇〇ＰＰＭまでは汚していいということです。そうなると戦前は煙突が一本しかなかったんですが、これが適用されるところは煙突が何百本もありますから、そんなルーズな法律を作りますと、全国的に汚染は広がっていくということになってしまったわけです。

c　公害対策基本法

その後、いろんな世論や市民の抵抗がありまして、政府は、高度成長を進めるためにはどうしても公害対策基本法が必要というので、一九六七年に初めて「公害対策基本法」ができます。この法律は当時の世界的な経験に基づいて、論理的には正しい規制の仕方をしようとしました。それまでは、それぞれの煙突の濃度で規制しようとしていた。しかし、それは古いやり方でして、どの町も煙突はいっぱいありますから、一つずつが合格していても全体では合格しない。そこで一つの地域の環境基準を決めて、その枠の中で煙突の濃度を決めることにすれば、人々にとっては最も正しい生活環境ができるわけです。その方法を採りました。これは初めてで、そういう意味では「公害対策基本法」は初めて公害対策において正当な原理を使った。

ところが、この法律ができたときに、私は当時の東大教授民法の加藤一郎さんと有斐閣の『ジュリスト』でおこなった対談で「この法律は欠陥があり、必ず公害が広がる」と予言しました。それはなぜかと言いますと、この「公害対策基本法」の第二条には「産業の健全な発展と生活環境の保全と調和を図る」と書いてあるんです。

私は驚きました。「公害対策基本法」なんですから生活環境の保全を計るというものでなければいけない。どうして産業の健全な発展まで「公害対策基本法」は認めなければならないのか。そんなことを言えば、当然、「調和論」ですから産業が利潤を上げる範囲内で対策をやればいいということになる。

その趣旨が如実に現れたのが、せっかくできた「環境基準」でありまして、この法律の「環境基準」は最初の研究者の答申では、亜硫酸ガスの基準を一日〇・〇五PPMにしろとの提案だったのが、どこでどうなったのか、いまだに分からないんです。だれか相当重要な人物がやったに違いないんですが、一日を一年に変えてしまった。

ということは、三倍にしていいとしたんです。お分かりになるでしょう。一年間だったら、絶えずものすごく汚染があっても三六五日で平均すればいいわけですから、全然言っている意味が違ってくるわけなです。大変もっともらしいのは〇・〇五PPMという数字が残ってしまったことなんですね。なんとなくもっともらしいんですが、研究者の提案とは全く違うものを提案しました。

この提案に基づいて、当時、調べてみますと、一年平均で〇・〇五PPMを達成しているところというのは東京の新宿区、北九州の製鉄所がある戸畑区、そういうところはもう達成しているわけです。ということは、この法律ができたら日本の都市は全部新宿並に汚していいと、日本の産業都市は全部北九州戸畑区並に汚していいという法律なんですね。

だから僕は汚れると言ったんですが、案の定この法律は全くザル法になってしまいまして、せっかくいい原理で作ったのにもかかわらず、以後公害は止まないことになっていくのです。

私は、最近、常に感じているのは、日本は法律をやたらに作る。六法全書がもう二冊になっちゃったんですが、法律ができたからよくなるというのは錯覚でして、法律ができたときに注意しなくてはならない。法律ができたことによって悪くなる。公害の経験はそうなんです。法律ができたらかえって悪くなった。

つまり、それが企業保護になっているからです。常に汚染源保護になってしまうので、市民の立場に立ってないわけですね。市民の権利、市民の健康という立場に立っていない。そういうものを作るものですから、法律ができますと企業の方は安心して今までの通り、ちょっと細工をすればできるという形で汚す。しかも法律ができたからもう大丈夫という、そういう政治的な意図が出てくることに私は警戒心を持っております。

(3) 公害反対の住民運動

住民運動の展開

六〇年代にはいろいろ法律ができましたが事態は良くならなかったのです。しかし、非常に新しい出来事が起こりました。それは政府と静岡県が用意しておりました住友の巨大石油コンビナート建設計画に反対する運動の発生です。富士山麓の富士山が一番きれいに見える静浦湾地域に、しかもきれいな湧き水が噴出している素晴らしい地域にコンビナートを作る計画でした。

それに対して、地元の漁民は海が汚れたら、自分たちの生活は水産加工物で成り立っているのでとても困ると、反対したのです。それに農民や地元の市民も反対しようということになったわけです。

幸いなことにここには国立の遺伝研究所がありました。この研究所は世界的な研究所で、大変有名な遺伝の研究者で生物学者の木原均さんが所長をされておりました。木原さんは文部省の外局の所長だったもんですから反対するのは非常に難しい立場にいたのですが、「これは絶対に反対しよう」ということで、所員に対しても住民に協力しようと言ったのです。

それで、遺伝学では国際的な権威の松村清二部長という方が住民に協力することになった。たまたま当地には工業高校に優れた先生たちがそろっていました。東京工業大学を出た大気汚染の専門家、気象の専門家、あるいは地下水の専門家です。松村さん達の遺伝グループとこの工業高校の先生たちが住民に協力をすることになりました。

「環境問題」は、今のように文化的な問題が入ってきますと、文化人が入るのはいいのですが、初期の公害問題の場合には、どうしても科学者の参加が必要なんです。科学的な論争が始まるわけです。日本の公害史を紐解くと、公害が克服できた住民運動には常に優れた科学者が背後にいます。

住友の場合でも、岡田温さんという東大農学部を出た人がいて、協力をしたことが決定的でした。三島、沼津の場合も、幸いにして、そういう科学者グループがついた。そして、彼等が考えたのは「アセスメントが必要だ」ということです。つまり、何が起こるかについてアセスメントをしないで決めるのは非科学的なので、この石油コンビナートが公害をおこすかどうかについてアセスメントをしようということになりました。これは日本で最初のアセスメントを住民が提案したという画期的なことです。

ところが、彼らは金がなかったから実に独創的なことをやった。気流を調べる。工業高校の生徒が主体になりまして全市に「鯉のぼり」を立てて、鯉のぼりの尾っぽがどっちを向いているかをずっと常時的に観測していく。そうすると気流の方向が分かるわけです。

大気汚染では、逆転層がどこにできるかが重大な問題でして、気温が逆転する逆転層の高さがどこにあって、いつ発生するかによって大気汚染がどうなるかが分かるわけです。そこで普通は気球を飛ばすんですが、お金がないから自動車に寒暖計を積んで、足鷹山を一日中何回も上がったり下りたりしながら気温の変化を見ていったのです。逆転層がどの位置に生じるかということをそれで確かめた。

そういう極めて独創的で、どういうことが公害のアセスメントに必要かが、参加した住民に皆分かるわけです。こういう公害が起こるか起こらないかを科学的に判定するためには何をすればいいかが分かるわけです。

それから、彼等は、三〇〇回にわたって8ミリ映画を使い、スライドを使って視聴覚教育をやる。四日市に一緒に出張して向こうで石油臭い魚を刺身にして漁民と一緒に食べてみるということを繰り返しながら実地体験を重ねた。科学者が入ったことによって公害は「怖い」という「感覚的なもの」を「科学的なもの」に変えていくのです。つまり、理性的認識に変えていくわけです。どうしたら防げるか、どうやっても防げない、というような問題が科学的に分かってくる、つまり「感性」から「理性」へということをアセスメントをやりながらやっていったのです。

政府・静岡県による対抗

政府は驚きまして、工業技術院院長の黒川さんを団長とする一流といわれる学者を動員して、始めて、ここで対抗的に「環境アセスメント」をやります。これが日本最初の政府の環境アセスメントです。

これはお金を使い、自衛隊機も飛ばしてやったのですが、出ました報告書が粗雑なんです。僕も見て驚いた。最初の拡散式から間違っているのです。ですから誰が書いたんだろうと、すぐに疑問に思うので、あれだけ権威を集めたにしてはお粗末でして、通産省の役人が書いたということが歴然とするような報告書だったのです。

二つ報告書が出た。住民の報告書は「公害の恐れがある」。通産省の方は「公害の恐れはない」と、全く反対の結論だった。そこで住民の要求で、通産省の会議室で二つの調査団が、政治家も住民も発言をさせないで科学者だけで論争するということをやりました。その論争の結果、政府の方が間違っていることを認めざるを得ないという事態になったのです。

そういうことがあって、この運動は非常に自信を持ってその後続きまして、とうとう静岡県も地元の市町村も「誘致しない」という決定をします。

自治体が「しない」といったら、やはり通産省も「やれなかった」わけでして、企業も出られなかったのです。ついに、始めて「市民の論理が企業の論理に勝った」と評価される約一年続いた決定的な住民運動の成果を上げたわけです。

全国にこの教訓が伝わって、日本の市民運動の転機になったのです。つまり彼らの市民運動のやり方は「自治体を変える」という運動でした。三万人が東京に行ったって何の力にもならない。しかし、地元だったら三万とか五万という人数を集めれば決定的な力になる。自治体を変えるために、学習を重ねる。お金も力もないのに、そういうことを原則にしながらすすんだ。もっとも盛上がったデモのときに、銀行の支店長が植民地型開発反対なんていうプラカードを担いで歩いているんです。そのぐらい意識が徹底して、地元の商工会議所や医師会、薬剤師会、その他これまでこういう開発に賛成していたグループがむしろ反対に回って、そういう市民のデモ行進に参加するというような事態を招いたのです。

いわゆる、革新系が前に出るという運動ではなくて、革新系の政党や労働組合がむしろ縁の下の力持ちになって、漁協、農協、商工会議所の人達までが必死になるという新しい運動になったので、私はそれがいわゆる一九六〇年代後半から七〇年代の革新自治体が生まれてくる基盤になったと思います。

つまり、保守的な階層の意識が環境問題で変化をしたのです。それが非常に大きな意味を持ちまして、以後全国的にこういう市民運動が一つの政治勢力になる。これまでの革新的運動ではない新しい社会運動が非常に大きな意味を持ち始めるというのがこの三島・沼津・清水二市一町の運動であったと思います。

(4)　科学者の運動

科学者の研究は公害の進行にくらべ実は遅れておりました。世界的にも遅れておりました。さっき言いましたように、戦争で研究が断絶をしたということもありまして、戦後こういう環境問題に関心を持つ科学者は限られていました。公衆衛生とか一部にはこういう問題をずっと研究してきた方はいますが、土木工学の人達はどっちかというと作る方に熱心で、あまりこういう問題に関心がない。

社会科学の方は、やはり高度成長に巻き込まれたこともありまして、こういう社会的損失に関心を持つ研究者は少なかったのです。

はじめての学際的な公害研究

一九六三年四月に「公害研究委員会」が、元一橋大学学長の都留重人先生を委員長にしましてできたときの公害研究委員は全国からかき集めても7人しかいませんでした。その中で社会科学系は四人、経済学者は都留さんをいれて三人しかいませんでした。経済学者で関心を持っているのは当時三人ということです。

私は一九六二年に雑誌『世界』に「しのびよる公害」という論文を書きました。これが戦後、経済学者が公害問題について書いた最初の論文です。これによって読者の中に非常に関心が出たものですから、岩波書店がどうしても『公害』を新書にしたいというので、新書にすることになりました。しかし、公害は学際的な問題ですから経済学者だけでは書けないと思いまして、当時京都大学の衛生工学の主任教授であり国際的にずっと大気汚染の研究をやっておられた庄司光先生と一緒に仕事をすることにしまして、一九六四年に『恐るべき公害』という本を岩波新書から出しました。

これが、学際的な公害問題の啓蒙書では初めての本でして、始めはそれほどでもなかったんですが、徐々に売れていきまして、私どもも意外なぐらいでしたが、約五〇万部売れました。おかげで「公害」という言葉は庄司・宮本が作ったんだという伝説まで生まれました。この時期に国語の辞典に公害という言葉は載ってなかったもので、造語じゃないかと言われたんですが、実は明治の一〇年にはこの言葉があり造語ではなかったのです。とにかく、そのぐらい関心が薄かった状況だったと思います。

国際社会科学評議会　―環境問題特別委員会

その後、私たちは公害は国際的な問題だということで、公害研究委員会が事務局になりまして、世界で最初の「国際社会科学評議会」が主催する特別委員会を東京で開きました。これにはカップ、レオンチェフやサックスなど当時の世界の最も有力な社会科学者が集まりまして、私たちが事務局になってこの会議をやり、その決議として、最初の「環境権」の提唱をしました。

これは、私たちが想像した以上に非常に大きな影響を与えまして、特に、法律関係の方がこの「環境権」というものを重視して下さいまして、現場の弁護士もそれ以降裁判では「環境権」を主張するようになりました。

ただ、この時は意識を変えたいという意味で出したので、中身を法的に詰めたわけではありませんので、その後、裁判では旨くいかなかったりしたのですが、会議の前段にありましたフネ会議で、そういうものが主張されて、それが、「ストックホルム国際人間環境会議」の理念になっていったのです。

(5) 環境政策の進展

私は、ふりかえってみて、世界でも最悪の「公害先進国」といわれた日本が環境政策をどうやって前進させたかは、日本の歴史の中に残しておかなければならない問題だと思っているのです。私は、日本のオリジナルな形の、「環境政策」前進のやり方をとったのだと思っています。

革新自治体の厳格な行政規制

一つは自治体を変えるということです。当時、政府は法律も持たない、法律を持たないどころか法律を作ると悪くなるという、全く企業の論理に巻き込まれていた政府で、その政府に頼っていては公害はなくならない。むしろ拡大するという事実に直面していました。

そこで自治体の職員、あるいは自治体を拠り所にしようとする市民運動は、自治体から問題を変えられないかと考えた。戦後の憲法によって、自治体が自らの地域の健康や環境を維持するために条例を作り行政を行う権利を持っている。それを利用する。あるいは間違った地域開発を食い止めるという力はあるはずであるということで、自治体を変えて自治体に条例や行政を行わせることによってできないかというのが一つの切り口でした。それはなにも専門家が提供するというよりも事実としてこの市民の圧力の下で自治体は変わっていったんじゃないかと思います。

初期のことで一つ申し上げておきたいことがあります。これは私が、北九州で体験したのですが、当時高度成長の初期には木下恵介という有名な映画監督が映画の中で新日鉄の真っ赤な煙を「七色の虹」といって作ったぐらい、北九州の煤煙はひどかったのですが、それを美化していました。製鉄で酸素を吹き込むものですから、真っ赤な煙が出てくるのです。

その頃は北九州に行きまして宿屋に泊まり朝六時頃になりますと、ラジオ体操の音が聞こえてきて、みんな外へ出てラジオ体操をするんですが、煙で前の人が見えないのです。そのぐらいひどかった。あんなところでラジオ体操したら体は悪くなると思いましたが、そのぐらいひどくて当時八幡の小学校の子供が描く太陽は真っ赤な太陽なんてみたことないですね、煤煙で汚れていて黄色く描くんですね。

そういう状態だったので、福岡県は非常に早く一九五五（昭和三〇）年「公害防止条例」を作りました。これは立派なことだと思います。

高度成長のまだ本当の初期の段階で、そういう条例を作ったのですが、その条例作りで一番頑張ったのは、医学部を出て担当になった古賀さんという自治体職員なのです。

僕は、彼の話をとっくり聞いたんです。条例ができた時に福岡県の経済団体は一致して条例反対の声明を出すんです。僕はあれは歴史に残る文献だと思うんです。「日本が経済発展をすべきときにそれを阻害するようなこういう条例には従わない」という脅迫状のような声明文を経済団体が連合して出すのです。

実際それは脅かしではなくて、古賀さん達が最初に観測をしたいと思い、旧八幡市全域に、大気汚染の観測器を置くわけです。置いて作動したかどうか見にいったら全部破壊されているんです。彼はこれが法治国家であろうかと、もう怒りがおさまらなくて古賀さんは八幡製鉄所の専務に会いまして、憲法に基づいて私たちの自治体の条例ができたので、条例に従ってもらわなくては困ると、観測器を壊してもらったら困ると言ったら、さすがに向こうも観測器は誰が壊したか分からんといった。まあそうでしょうけどね、会社が壊したと言ったら犯罪になりますからね。

しかし、その時に言った言葉が忘れられないと古賀さんは言ってました。

「ここに住んでいて煙が嫌だという市民は出ていってもらいたい」、「そういう市民は八幡にいなくていいんだ」と言ったというんですね。

一生のうちで、その時ぐらい怒りを覚えたことはなかったと、言っておりました。

実は、それが当時の企業の態度だったのです。条例を犯してでも、あるいは観測器を壊してでも自分たちの煙は出すと、煙を出す権利はあるのだと、市民が、あるいは自治体の職員のごときが日本を代表する企業に文句をいうな、その頃は「鉄は国家」だと言ってました。なにしろ通産大臣は任命されると真っ先に北九州に飛んで製鉄会社に挨拶にいったというぐらい力があったのですから、一自治体の職員ごときがなんでそういうことをいうのかという態度だったのです、公害対策課長も配置転換されたらしいですけどね。

だけど彼は頑張ってどうしてもこれはやらなければならない、むしろそこから決心を固めて北九州の改善に取り組んでいくわけです。やはりその時期の自治体職員はまさに体を張ってたと思います。体を張らなければできなかった状況の下で公害対策は始まったんだということは、自治体の歴史に僕はとどめておかなければならないと思います。

そういうことで、幾つかの自治体がとくに革新自治体が、環境を保全し福祉を向上させ、地方自治を発展させようということをスローガンにして頑張り始めました。

今と違って、分権が行われたら「何が変わるか」がその当時は非常に明快だったんです。つまり、自治体を変えたら公害対策をするだろう、自治体を変えたら当時政府が全然やってなかった福祉国家的な全面福祉が行われるだろう。自治体を変えたら住民参加になるだろうと、目に見える目標があった。

今の分権以上に当時は市民の世論や運動が起こったんだと思いますね。大体六〇年代の半ばから七〇年代、八〇年代の初めにかけまして全国の四〇％近い自治体、特に大都市圏ではほとんどの自治体が開発よりも環境保全を主張する革新自治体に変わりました。これは日本の歴史上珍しいことであったと思います。

革新自治体が私たち研究者の意見をよく聞いてくれまして、研究者が考えている規制の方法、研究者が考えている調査の方法を採用していってくれました。例えば東京都は民法学者戒能通孝さんを公害研究所所長にしまして、画期的な東京都公害防止条例を作ったのです。これは政府が本当に震撼したようなものでして、亜硫酸ガスは政府の環境基準より厳しい、政府が規制していないNO_2の環境基準を決める。これを「横出し」と言ってますが、「上乗せ・横出し」という環境基準を決めただけではなく、企業に汚染防止の最大限責任を持たせたのです。もしそれに従わないならば水道を止めるという自治体の持っている権限でもって規制をし、処罰をするという画期的な条例を出しました。

政府はこれは法律違反だと言いまして争ったんですが、幸いなことに日本の行政法学者がほとんど東京都の公害防止条例は憲法違反、法律違反ではないという論陣を張ってくれまして、そういうこともありまして市民がこの防止条例を支持したのです。政府は追い詰められていくわけです。

これは今でも忘れられないことなんですが、「条例」対「法律」の関係という点で初めて明確に条例の独自性というものをこの論争の中で生み出したと思います。

政府はだいぶ躍起になりまして、東京都の公債の発行を認めないとか、東京都に対していろいろな圧力をかけたんですが、結局最終的には公害が深刻化しまして世論の方が押し切ったという感じになったわけでして、結局一九七〇年に公害国会と言われておりますが、その国会で一七の環境法体系が制定される。

そこでは「公害対策基本法」を全面的に改訂しまして、産業の健全な発展を削って東京都の条文と同じような生活環境保全を優先するという「公害対策基本法」に基本的に変えるという、これは本当に自治体の勝利というのをその時感じましたが、そういう法体系が成立をしていくわけで、これでようやく日本もこの時点で国際的な法体系が出来上がったという感じがします。

公害裁判による汚染者の責任追及と被害の救済

この自治体を変え得るだけの世論の力があったところはいいんですが、そういう世論の力がなくて被害者が孤立していく、しかし被害が深刻だというところはどうすればいいかというので、公害裁判が起こります。

最初の公害裁判は「新潟水俣病」から始まりまして、次いで「四日市公害」「イタイイタイ病」、そして最後に「熊本水俣病」、いわゆる四大公害裁判が六〇年代の終りから始まるのです。私はほとんど全部に参加しました。当時は勝てるかどうか、本当は自信がなかったんです。日本の裁判の歴史の中で公害対策で被害者が勝った例というのは「大阪アルカリ事件」以外ないのです。ほとんど負けているのです。

結局、企業や政府の論理の方が強かったのです。それでなかなか提訴できない。厳密な立証を要求されるのです。

私は初めて原告側の証人として四日市の公害裁判に出廷しました。日本で最初の原告側の証人だと言われたのですが、胃が痛くなるぐらい緊張させられました。裁判所の方は非常に好意的でして、原告側の証人とは考えないと、あなたは鑑定人だと思っていたと言っておりましたが、とにかく被害者から原告になる人がいないぐらい、圧力がかかっていました。

水俣の場合もそうでした。私は日吉さんという市民会議の会長と二人で、寒い日だったんですが「水俣病患者の会」の山本会長のところへ行って、「あなたは政府の裁定に従おうとしているけれども、もう今までこれだけ騙され続けてきたんだから、また騙される、だから裁判を起こしたらどうかと思う」と言った。彼は玄関にもあげてくれないのです。

寒空で我々の話を聞いて、「裁判なんて信用してない、裁判はしない」ということでした。ですから、そういう患者会から分裂して裁判を起こすということで原告側にはものすごい勇気がいったわけです。政府が裁定しようとしているのに反対して、それで裁判を起こすということで、裁判を起こした人達はその時期は本当に体を張った行為だったと思います。

そういう状況があったのですが、三島・沼津の運動を初めとし、市民運動の力で自治体がドンドン変わっていくような状況がさすがに裁判にも影響したことは間違いありません。

またこれは歴史的に珍しい例ですが、研究者が全面的に裁判に協力をした。それで「疫学の法理」、「共同不法行為の法理」あるいは「立地の過失」という画期的な法理が採用をされていきます。その結果として四大公害裁判はすべて完全勝訴に終わったのです。これは日本の司法が三権分立の力を始めてみせた出来事ではないかと思います。

四日市の裁判では、企業が被告ですが地域開発の告発をおこなったせいもありますが、国や自治体に地域開発上の過失があったということが指摘されたのです。これはその後の地域開発に非常に影響を与えたわけでして、地域開発の転換を促すことになります。やはり司法の力というのはその意味では当時は立派なものであったのではないかと思います。

公害健康被害補償法

その結果このまま裁判が続くと大変だというので企業の側も行政的な解決を求めるようになりまして、「公害健康被害補償法」が世界で始めてでき上がったのです。行政的に被害の補償問題を解決するという形で日本の公害対策は前進を始めていくのです。

これは世界でその後ドイツが真似したいとか、アメリカの学者もずいぶん研究しに来ましたし、今中国でも問題になっているんですが、それでもなかなかここまで大胆な法律は他の国ではできていないのです。

こういうことの結果、企業の公害防止に画期的

図２　民間の公害対策設備投資の変遷

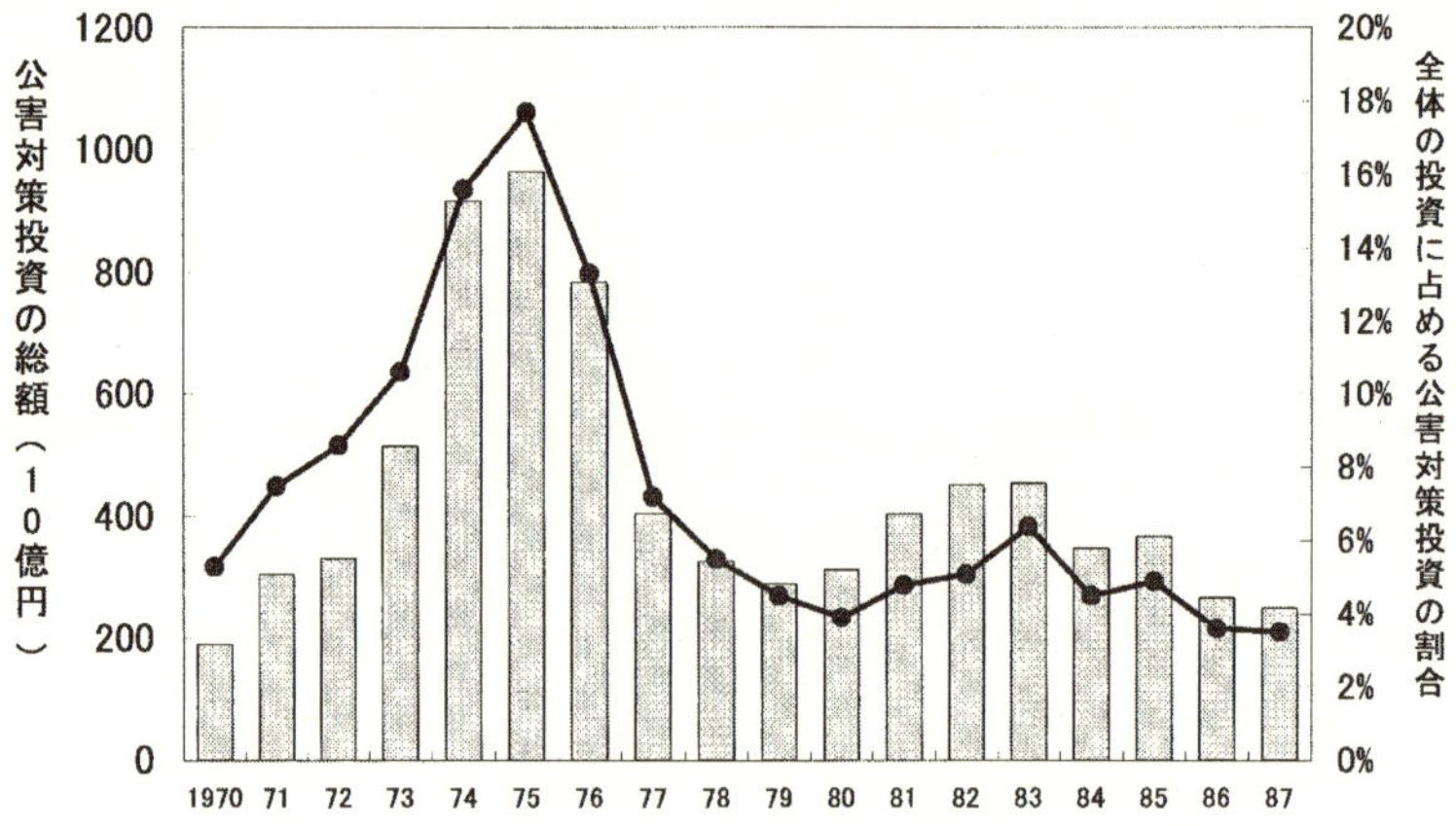

表1　地方自治体の環境政策の変遷

	1961		1974		1986		1995	
	県	市町村	県	市町村	県	市町村	県	市町村
公害・環境部局	14	16	47	765	47	562	47	845
担当職員数	300		5,852	6,465	5,865	4,816	6,384	4,534
予算（億円）	140		3,501	6,036	8,910	20,800	14,458	46,738
下水道予算除く（億円）	2		3,838		8,785		17,319	
公害防止・環境条例	6	1	47	346	47	496	47	608

な変化が現れました。図2は七〇年から取ったんですが、ほとんどゼロに近かった民間の公害対策設備の投資がこの頃からドンドン増えていきまして、一九七五年、金額にして約一兆円、そして設備投資に含まれる金額で見ますと一七％、世界最高の水準になります。大気汚染が中心でしたが、しかしこれは画期的な数字でして、こういう投資が行われた結果として、いわゆる四大公害裁判で見られたような残酷な公害事件は後を絶つのです。

その後、重化学工業の重厚長大の産業構造が変わってきますし、不況もあって投資は横這いになったりするんですが、この時点で行なわれた企業の防止投資はいかに当時の世論が大きかったかということを示していると思います。

同時に、法的な対策も変わりました。六一年に厚生省が全国の自治体が公害対策をどうやっているかという基本調査をやっているんですね、その資料が僕のところにあるんですが、表1

のように全国で当時都道府県が公害関連の部局を持っていたのが一四、市町村でわずか一六でした。担当の職員は約三〇〇人です、概数ですが。予算が一四〇億円ですが、ほとんどが下水道の予算で、下水道の予算を除きますと二億円しかありませんでした。

公害防止条例を持っている県が六県、市町村では一つしかありませんでした。実は国もほぼこのぐらいしか、公害対策予算を持ってませんでしたので、私は『恐るべき公害』の中で「二階から目薬」だという皮肉を書いたのです。二階から目薬を落としたって目が良くなるはずはないんですが、そのぐらいしか実は対策がなかったわけです。

ところが先ほど言ったような状況から七〇年代に入りますと、全県が条例を持つ、市町村も七六五の市町村が条例を持つ。一万一千人を越える職員が公害対策に従事すると、予算でも九千億円、約一兆円の予算が組まれるようになる。下水道を除いても約四千億円ぐらいになります。

一九六三年に名古屋市の調査をしたのですが、名古屋市は南部からずっと公害に覆われていた頃なんですが、公害対策課というのもありません。防疫課という、つまり伝染病の防疫課の中に公害対策係というのがやっとできたのです。係長が一人、工業学校を出た職員が一人、女性が一人、三人でやってました。大名古屋でですね。

その係長は、私は名古屋大学文学部美学科を出たんだと、先生どうしていいのか分からないので、どこから手を着けたらいいか教えて下さいと言いました。今なら僕は環境課長が美学出身ということは素敵なことだと思うけれども当時の公害と大戦争をやっているときに美学の出身の係長はどんなに苦労したかと思いますね、かわいそうな気がしました。

ですから、こういう六〇年代の段階から大変な変化が七〇年代におこったのです。これは日本の地方自治史上これだけの行政の転換が行われた例はないといえます。そういう意味で言いますといかにこういう新しい公害環境問題というものが急速な形で世論になり、かつそれが自治体を動かし、自治体の行政の中でこれほどの変化を起こしたかということは、私は歴史に残していいことであると思います。

2　日本の経験からの教訓

(1)　環境問題の全体像

さて、日本の経験から教訓として私が考えていることをのべていきましょう。まず、図3は学会では宮本のピラミッドと言われているんですが、環境問題の全体像です。初期においてはこのピラミットの頂点で争って被害を認定させて被害の対策を取るというところに重点を置いていたわけですが、実はその背後に環境が悪くなるとアレルギー性の疾患を持ったり、いろんな健康障害やあるいは不健康な状態が続いたりというような問題が起こってくる。さらにその基底には地域社会そのものが破壊されていく、景観の破壊とかいろんな問題が起こり、あるいは自然の状態

図3　環境問題のピラミット

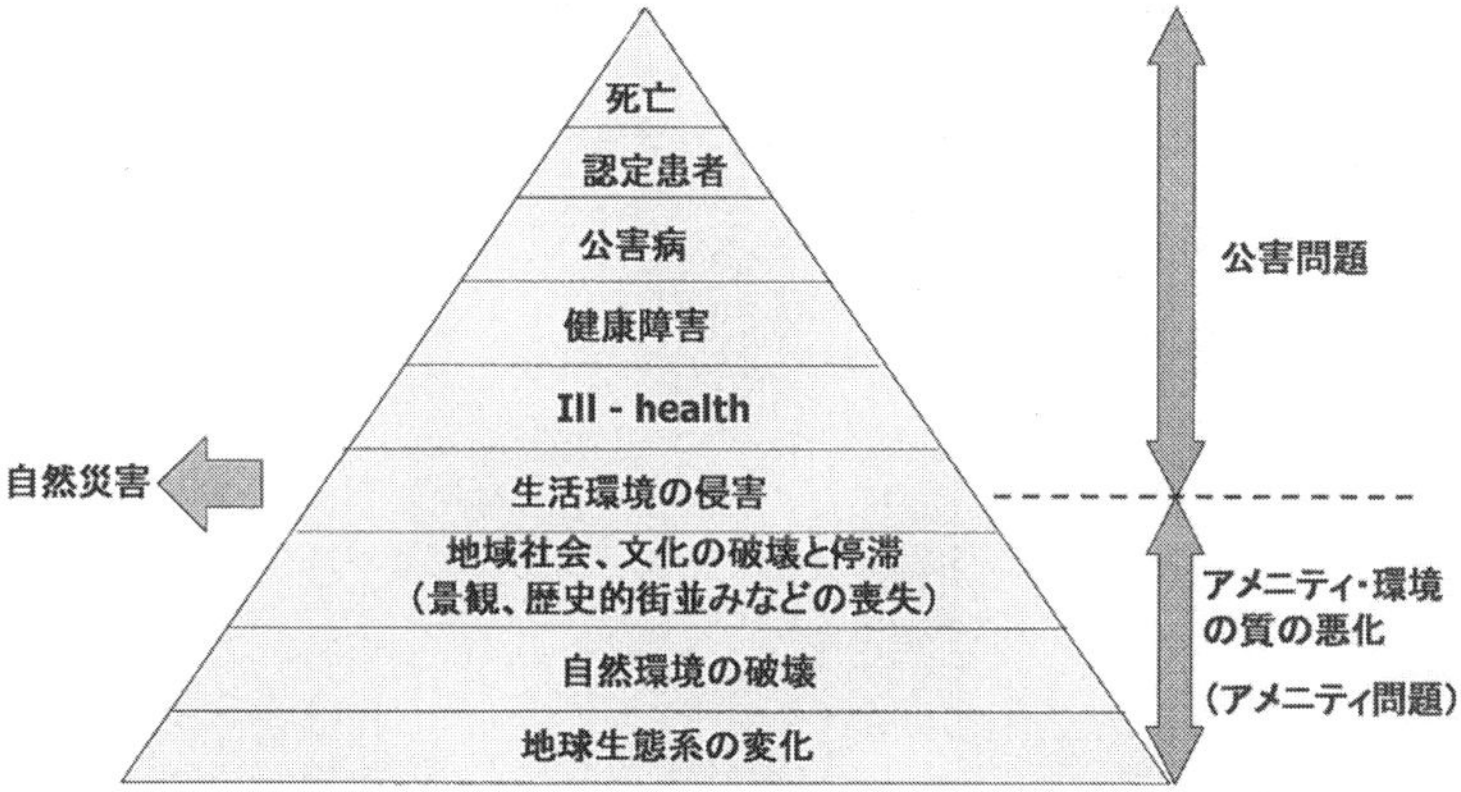

が変わってくる、そういう問題が基部にあって、そしてそういうことが放置されて環境とか人権が守れないでいくと、最後に公害さらに死亡という深刻な問題になるというのが分かりました。

これは例えば私はカナダのインディアンの水俣病を調査したんですが、この場合もダムができて、政府の政策が変わっていくことによって従来の狩猟民族、あるいは手仕事をやっていた人たちの生活が破壊されていく過程で、新しく進出したパルプ工場で水俣病が出るという、始まりはこういう所なんですね。

環境政策というのはまず頂点の公害を認定させることから始まったわけで、ここを解決するために死力を尽くしたわけですが。今は都市を再生する、あるいは環境を再生するという基部もあつかうようになった。都市を再生しないかぎり、また公害問題が起こってくるので、私は環境政策の最終は「都市政策」や「地域政策」あるいは「地球政策」にあるというふうに思っているのです。

今、環境問題は非常に広がっていますが、広がっているが、公害から連続しているということを考えないとまちがいです。これからは地球環境問題で公害は終ったという切り離し方が環境政策で非常に大きな誤りで、連続しているというふうに考えていただきたいと思います。

(2) 被害の社会的特徴

日本の経験の中で被害の社会的特徴が理論的に明かとなりました。

a 生物的弱者

第一が、被害というのは、生物的弱者から始まるということです。

これは環境が悪くなりますと疾病を持っている者、障害を持っている者、六〇歳以上の高齢者、一五歳以下の年少者に被害が大きくなっていきます。この人達は所得を全然産出していないし、企業に勤めていない人が多いのです。そこで経済的には何の被害も国民経済には与えない。むしろこういう人達が病気になると医薬業とか病院がもうかるわけでして、所得は増えるのです。

これは経済学の上で非常に大きな問題点でして、重大な社会的損失が起こっているにも拘らず、今の市場経済の下では逆にそれが所得を増やしてしまって、それが経済にとって本当に大損失になるというふうに現れてこない。だから対策が遅れるのです。どうしても人権を守る社会的規範がないと、こういう生物的弱者から始まるという環境問題は防げない。これは地球環境問題でもそうです。一番先に被害にあうのは最貧国の最も貧しいところに被害が集中するのです。

b　社会的弱者

第二は、社会的弱者。低所得者層がまず被害に遭うということです。

貧乏人は環境が悪いところに住み、粗末な食事をしているということです。大気汚染の一〇万人の患者を調べてみますと、いずれもはっきりしてくるのですが、その一〇万人の患者はだいたい工場に近い、あるいは環境の悪いところに住んでいる低所得者層が多いのです。そこで被害が現れたときに自力救済しろと、お前自分でいい医者を選んで直せばいいじゃないかというのでは解決しないのです。働きにいけなくなったらもうそれでお終いですし、そういう意味でどうしても環境問題、とくに公害問題を考えていくときには公的な救済と総合的な社会政策が必要だということです。

c　絶対的不可逆的損失

第三は絶対的・不可逆的な損失が起こる。お金でもって解決するという方法があり、経済学ではそれを補償の原理というんですが、補償の原理が働かない問題が環境問題では起こってくるということです。

つまり公害による人間の健康障害や死亡というのは賠償は必要ですが、お金をいくらもらっても、健康障害が回復するわけでもなければ、死んだ人が元に戻るわけでもないのであって、そういう意味ではこれは絶対的・不可逆的な損失なのです。従来の経済現象とは違う。

次に人間社会に必要な自然の再生産条件の復旧不能な破壊が起こる。例えば日本は埋め立てをものすごくやりました。これは最も人間にとって住みやすい海浜を工場用地にしたり、事業用地にするために破壊したのですが、これを元に戻すことはできないわけじゃないけれどもほとんど不可能です。これは大変なことをしてしまったというふうに思いますね。ダムもそうです。

三番目に復元不能な文化財、町並みや景観、そういうものの損傷も、これは元に戻らないわけ

表2　公害（リスク）予測失敗の例

(百万円)

	年間被害額	年間対策費用
水俣病	12,631	123
イタイイタイ病	2,518	602
四日市喘息	1,331 (21,070)	14,795

出典: Association of the Study of Global Environmental Economics, "Japanese Experiences in Pollution", Godo shuppan, 1991

1. 1989年の額
2. 年間被害額は公害健康被害補償法による補償額.
3. 四日市喘息の(　)内は、対策がなされなかった場合の被害額.

です。こういう絶対的、不可逆的な損失が起こると思っていなかったわけです。

そうなりますと、必要なことは、まずそういう問題が起こらない予防が必要だということです。アセスメントが絶対不可欠で、しかもアセスメントにうんと権威を持たせて、もしも絶対的、不可逆的損失が起こる可能性があればそういう工事は中止をするか別な計画を立て直さなければいけないということを示しているのです。

表2は環境庁が作ったので私は絶対的不可逆的損失が抜けていると思っていますが、水俣病の場合年間の対策費用を一億二三〇〇万円出していたら今のように被害補償その他で出すお金の一〇〇分の一ですんだんじゃないかとか、イタイイタイ病の場合も事前の対策が不十分で補償が大きくなっています。四日市の場合は、途中で対策を取ったので年間被害額がずっと少なくなったという

例なんですが、いずれにしても予防がいかに大切かということを多少はこれで示しているんじゃないかと思います。

日本の経験を教訓に

今、日本と同じことを繰り返しつつあるのがアジアでして、私はアジアに行く度に今の日本の経験というものを強く訴えているわけです。アジアでなかなか難しいのは民主主義の問題です。つまり市民運動が自由にできるか、自治体がそれに対応して市民の要求に答え得るか、行政で解決ができない場合に裁判に持ち込めば裁判所が正当な判決を下し得るか、これがないと旨くいかないんです。いまは貧困ですから貧困を解決するために成長することはやむを得ないんですが、そのために、まず絶対的損失を出してはいけないので、十分なアセスメント、十分な予防措置をしながら成長しないといけないのですが、これらの国はまだあちこちで大変な問題を起こしています。本当に日本の経験を生かしてほしいと思います。

実はアジアといいましたが、私は七〇年代に社会主義国を調べてみて同様に思いました。それまでは僕は社会主義というのは生産力が低いので公害が出ているが、市場の原理を規制できる公共的な力があるんじゃないかと思っていたんですが、一九七八年にポーランドのアカデミーに頼まれて調査をやって以後考えを変えたのです。ポーランドには報道の自由も含めて民主主義がない。それから急成長をしていく政策、その政策に非常に偏りがありまして、住民の安全を考えた技術の発展その他がない。やはり文化的な問題もあったわけでして、そういう点で調査をして以来「政府の欠陥」を強く言うようになりまして、「市場の欠陥」だけではない、「政府の欠陥」というものがあると社会主義の場合にももっと深刻な公害問題が起こっているということを論理的にもはっきりさせたのです。

今、アジアの場合には「市場の欠陥」と「政府の欠陥」が両方混合してますので、大変な状況です。しかも「市場の欠陥」が多国籍企業の論理ですすむものですから、これはもっと悪いことになりまして、補償の場合でもインドのボパールの例のように、本国とくらべてうんと安い補償で命を買ってしまうということが行われているわけです。

3　環境政策の原理

日本の場合環境政策の原理というのは、まず被害の実態の把握と原因の究明から始まるべきで、環境政策というのは

1　被害の実態の把握と原因の究明（責任の明確化をふくむ）
2　被害の救済、環境や健康の復元
3　公害防除のための規制、社会資本や土地利用計画による汚染の削減
4　予防（費用便益分析、環境アセスメント、景観・自然保全などのアメニティの計画）
5　完全循環社会のための地域再生

という順番を通って前進していかなくてはならない。とくに今は完全循環社会のための地域再

生をどう考えるかというところにきている。この順序はこれから開発するところでは逆に行かなくてはならないと思います。

5のほうから始まって1へといかなくてはならない。

アジアの場合には、開発にあたって、4のアセスメントを完全におこなわなければなりませんが、その場合、日本のように開発を前提にして、それに調査をあわす（アセスメントではなく、アワセメント）のでなく、住民や第三者の科学者の参加をもとめていかねばならないと思います。

最近、日本でも水俣病の行政責任が問われていますが、政府がきめた水俣病の認定基準に誤りがあると、事件がはじまって、半世紀以上たっても、水俣病の基準が不明でしたがって救済が終らない状況がつづきます。最初の被害の全国的な解明の必要が改めて明らかでしょう。

Ⅱ　維持可能な社会（Sustainable Society）の実現に向けて

1 「End of Pipe」からシステムの革新へ

環境政策の手段

いまの市場制度の下では、環境問題が発生しても、経済主体の自主責任が原則なので、自動的に環境政策は進みません。環境保全の世論や運動あるいは環境科学の前進があって、当事者間で社会的に解決するか、さらに法や条例を制定して、規制や経済的手段がとられた場合にはじめて対策が実現します。

環境政策の手段は次の三部門です。

(1) **直接規制**―立法、司法、行政によって法制上の規制基準を決め、罰則を設けて規制するか、あるいは行政指導を行う。

(2)　**経済的手段**─主な方法は次のとおり。

(a)**補助政策**　補助金、低利の財政投融資や減免税などの租税特別措置によって、汚染負荷を下げるように誘導する。

(b)**課徴金**　ＰＰＰ（汚染者負担原則）によって、救済や復元の費用を調達し、汚染削減を進める。日本の公害健康被害補償制度やアメリカの Super Fund 法が代表的である。

(c)**環境税制**　ＰＰＰの厳格な適用が困難であるが、汚染物の削減と環境政策の財源調達のために、広い対象から租税を調達する。ヨーロッパの炭素税・エネルギー税が代表的である。

(d)**排出権取引**　環境基準などの規制基準を達成した経済主体が未達成者に排出権を売ることによって、汚染物を削減する方法である。イギリスで排出権取引市場が開設されている。

(3)　**環境教育による政策推進・自主管理**─日本の経験では、環境政策の前進は市民の世論と運動によっている。家庭の廃棄物の分別収集やリサイクリングでは市民の協力が進んでいる。またＩＳＯ一四〇〇〇シリーズなど企業の自主的環境対策も行われている。

この政策手段のうち、市場制度に適合するものとして、最近では経済的手段が有効とされています。確かに直接規制は経済的効率が測定できず、警察的規制に対する反感があります。しかし、

図4　年間SO_2濃度の変化

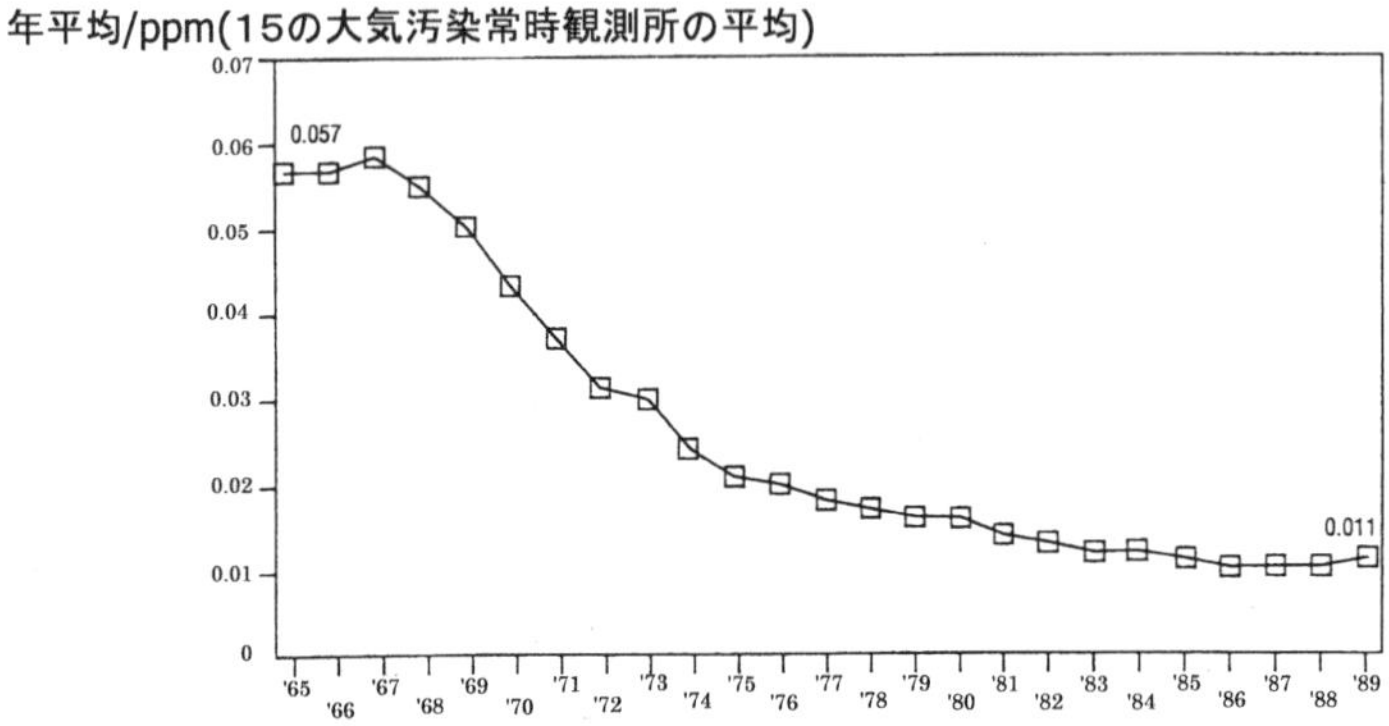

戦後の日本の深刻な公害対策では行政や司法による規制が有効でした。日本の経験では、厳格な法規制の下で経済手段を使うことが、もっとも有効であるといえます。つまり、ポリシーミックスが政策手段としては有効といえるのではないでしょうか。

日本は、業界が「環境税」に反対しておりますので、地球環境問題の対策はむつかしい状況になっています。私は、最も重要なのは「環境教育」だと思っております。「環境教育」で政策を推進して自主管理ができるようになることが最も望ましいのです。最近、企業が自主管理をやり始めていますし、家庭でもいろんなことをやっておりますが、これが今、個別に行われているところに問題があるのです。そういうのがシステム的に解決する方法にしなければならない。

今までの日本の企業の公害対策は、一口でいえば「エンド・オブ・パイプ」であったといえます。日本はあらゆる面で、公害防止技術では先進的な開発をしましたが、それはほとんどがエンド・オブ・パイプなんです。

つまり、汚染物の出てくる最後のところで処理をする。これでは日本は世界最高だと思います。下水で三次処理までする。こんなところはそう世界にはないです。

大気汚染物質でも「排煙脱硫」をはじめ、窒素や炭素を生産工程で抜くような最後のエンド・オブ・パイプの技術あるいは自動車の排ガスの規制とか家庭の廃棄物の最後の処理とかは世界最高になっていると思うのです。しかし、それでは限界があることは今明らかになってきているので、確かにエンド・オブ・パイプでやった結果、**図4**のように亜硫酸ガスの濃度は下がりました。これは世界で一番厳しいところまでいった。それだけ亜硫酸ガスの被害がひどかったせいですが、これは大したものです。

ところが、一方で、**図5**のように二酸化窒素は、ほとんど横ばいでむしろ上がりつつある。その主因は自動車です。日本は、乗用車については、世界で最初にマスキー法を達成した。にもかかわらず二酸化窒素に見られたようにだんだん増える可能性があって、さらにSPMという微粒子などを入れるとだんだん深刻になっているのです。

なぜか。それは**図6**のように明らかに輸送システムに問題があるわけです。かつて、日本は鉄

図５　年間ＮＯ$_2$濃度の変化

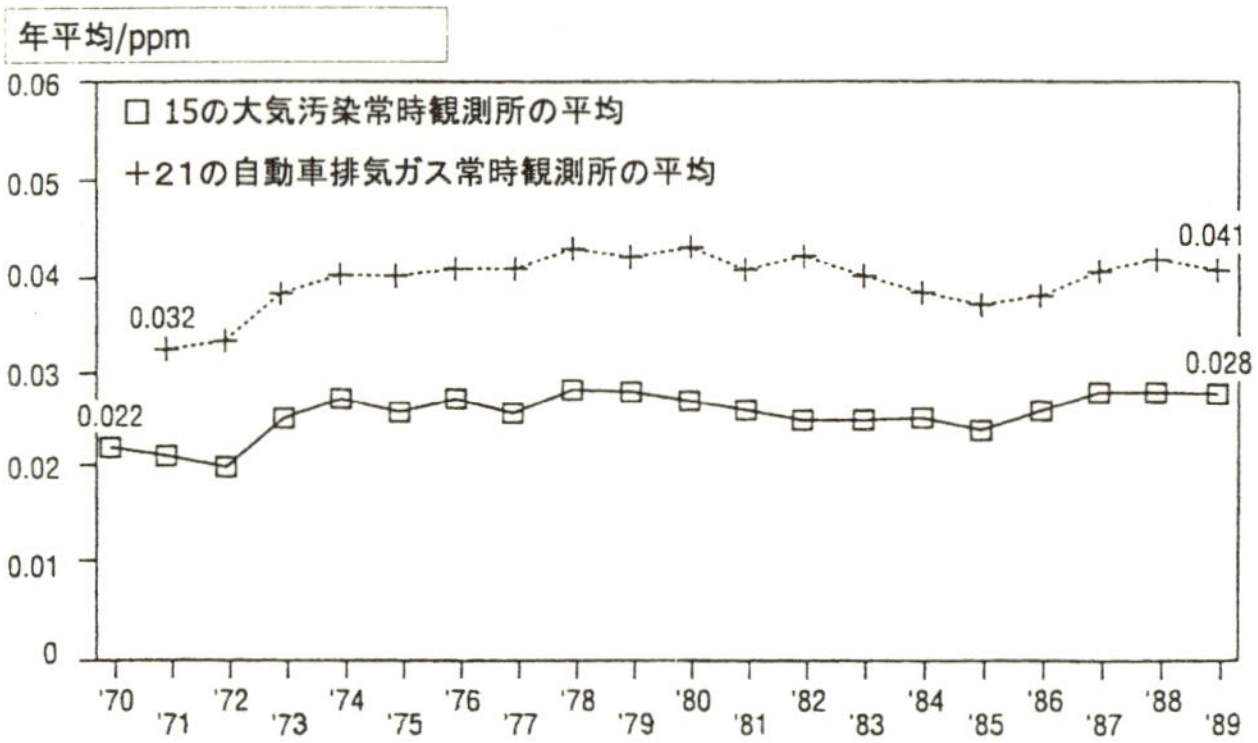

図６　国内輸送手段の変化

貨物輸送

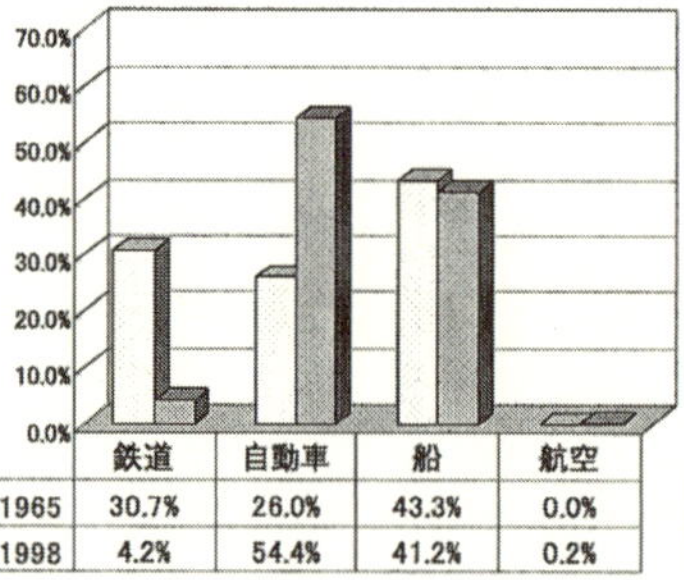

	鉄道	自動車	船	航空
□1965	30.7%	26.0%	43.3%	0.0%
▨1998	4.2%	54.4%	41.2%	0.2%

旅客輸送

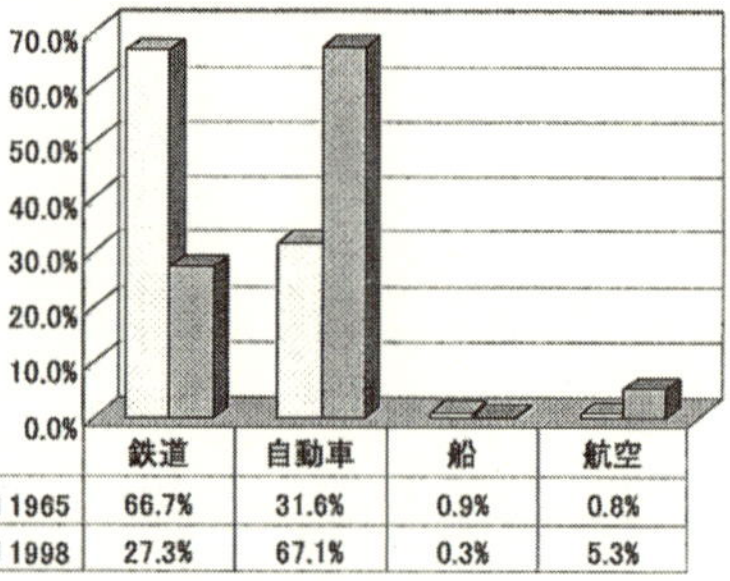

	鉄道	自動車	船	航空
□1965	66.7%	31.6%	0.9%	0.8%
▨1998	27.3%	67.1%	0.3%	5.3%

出典: "Japan National Data 2000-2001", Kokuseisha, 2000, p.407

道国でありまして、貨物の輸送では鉄道が圧倒的でした。旅客の輸送でもそうでした。これが一変してしまったので、今や貨物の輸送をとりましても自動車で五四％運んでいるわけです。とくに日本の場合にはトラックの輸送が圧倒的に他の国よりも多いのですが、旅客の輸送も今や自動車にかなわない状態でして、自動車が六七％になってしまっているのです。

2　中間システムの転換

こういうシステムをどう変えるかが問題で、自動車業界はハイブリット車を出すなどの改善策を出していますが、交通事故や交通渋滞の問題を考えますと、最終的にはシステムを変えなければならないことは明らかです。

私は中間システムといっておりますが、こういう環境問題を引き起こすシステムの原因は、まず、(a)資本形成の構造にある。どれだけ汚染負荷量の少ない資源節約型の投資あるいは企業経営をしているかということになります。それから、(b)産業構造を変えていかなければならないわけです。汚染物を多く出す産業から、汚染の負荷の少ない産業の構造にかえる。

三番目には、(c)地域の構造がいま大都市集中型になっておりますので、どうしても集積の不利益が出ますから地方分散型に移行していく。(d)交通体系を車社会からもっと公共輸送中心に変える。

それから、(e)大量消費の生活様式を、もっと国の風土に合わせて資源の無駄の少ない生活様式に変える。(f)廃棄と物質循環についていえば、日本はスクラップアンドビルドが非常に早くて、これが日本の高度成長の秘密になっているんですが、同時にごみの排出量が多いのです。ヨーロッパへ行きますと五〇〇年とか六〇〇年、場合によったら一千年以上前に建てた建物をそのまま「リニューアル」して使っているんですが、日本は二〇〜三〇年で壊して新しい物を作りますので、そういう意味でこういう廃棄の仕方というものを根本的に変えていかなければならない。

維持可能な社会（Sustainable Society）の創造

私は、そういうシステムを変えていく場合に、どういう目標を持つべきかを考えてきました。国連では、「サスティナブル・ディベロップメント」という目標を一九九二年のリオ会議で採択しました。これは非常に立派な理念だったと思いますが、サスティナブル・ディベロップメントは、どうしてもディベロップメントの方に重点がかかってしまっていまして、ディベロップメントをしてどんな社会を作るのだという理想が抜けている気がするのです。

それで我々は一九九四年に集会を持ちまして、これからの「サスティナブル・ソサイエティ」を考えようという議論を続けているのです。最近は「サスティナブル・ディベロップメント」よりも「サスティナブル・ソサイエティ」をめぐる議論が学会でも多くなり始めています。

サスティナブル・ソサイェティの原則

私はサスティナブル・ソサイエティについては八〇年代の半ばから主張していたのですが、原則を次のように掲げています。
①平和を維持する、特に核戦争を防止する。
②環境と資源を保全・再生し、地球を人間を含む生態系の環境として維持・改善する。
③絶対的貧困を克服して社会的経済的な不公正を除去する。
④民主主義を確立する。
⑤基本的人権と思想・表現の自由を達成し、多様な文化を発展させる。
この五つの原則が総合的に実現する社会を、維持可能な社会、「サスティナブル・ソサイエティ」と呼んでおきたいと思うのです。

そういうことを言いますと「何を夢幻的なことを言ってんだ、空想じゃないか」といわれる。今、ブッシュ政権はテロに対する予防戦争をしていて、イラクで戦争をしている。さらにアメリカ政府は京都議定書を離脱しまして地球環境保全について熱意がない。そんなことを挙げていくと、こんな原則を立てたって意味がないじゃないかと思われるですが、私は、やはり、こういう理想はどうしても高く掲げておかなくてはならないと思っております。

経済成長と平和・環境保全の調和

経済成長と環境の調和については、経済学者は相当前から指摘をしているのです。例えば、古典派経済学の総括者でありましたジョン・スチュアート・ミルは『政治経済学原理』（一八四八年）の中で、市場原理とか技術というものが、グローバリゼーションをした暁には、経済は必ず定常状態に入る。今は経済の定常状態が悪いと思っている研究者がほとんどなんだけれども、そうではないのであって、実はその定常状態に入ると、成長率が一定のところでとどまってくるわけですが、そうなったところで初めて人間の文化とか科学技術の発展がありえるんだ、といっています。ミルによればグローバル化して経済が成長していくと、戦争と環境破壊が絶え間なく起こると彼は考えていたのです。

そういう意味では、すでに、古典派経済学の総帥はそういう未来を見通すようなことを言っていたわけです。しかし、どちらかと言うと、成長が無限に続くごとき経済学が幅を利かせている。これは、パイを大きくしていきますと、今の「配分」を変えないで貧乏人が満足できるからです。成長していくと反乱が起こらないのです。成長しないでいくと、パイの「配分」を変えなくてはならないが、それは既成の金持や権力者の不利益となる。だから、政治家は、パイを大きくする方が政治的に安定するものですから「成長、成長」と言うのです。

「市場原理」というのは、もともと無限循環的に成長を組み込んだ制度なのですが、実は、それに則っている今の政治そのものもまた、パイを大きくしていく論理しか持っていないのです。しかし無限の成長をねがっていてそれはいずれは地球を破滅させることは間違いないのです。

3 「労働」から「仕事」へ、「需要」から「必要」へ

そういう原理そのものを、どこで変えていくかということに、我々は今直面しているのです。私は、市場経済システムの下でどういうふうに経済を民主的に計画することができるかが、これからの我々の非常に重要な課題だと思っています。そのためには、いろんなことが今試みられつつあると思うのです。つまり所得を獲得するための「労働」を生きがいや美のための「仕事」に変える。これは都留重人さんがかねてから言っているのですが、多分これはラスキンやモリスあたりからきた考え方だと思います。

実際に、最近スローワークという言葉が出てきている。スローワークというのは、サボるということでも、非効率に働くということでもない、自分が満足できる仕事をする。そのために時間

がかかってもよろしいというのがスローワークという言葉です。

スローワークとかスローフードというのが流行になり始めているのは今までのように所得を上げるだけのために「労働」するのではない、もっと自分の望む「仕事」をしたい、人生にとって自分がどういう仕事をすればいいかという生きがいを求め始めている、これがスローワークである。安く便利な食べ物を食べるというよりも手がかかっても真心のこもった、あるいは自分の趣向にあった食事をしたいというのがスローフードだと思うんです。 そういうふうに、すこしずつ労働が変わってさている、それから「需要」も変わってきているように思うのです。消費システムの中で私は「ディマンド」から「ニーズ」へと言っているんですが、これまでは市場で作られた「需要」が中心だったのを、「必要」に変えていこう。

例えば、私は、国立大学の学長として法人化への改革問題で悩まされました。私立大学を入れた全部の高等教育に対する政府の公的支出はGDPの中で日本は〇・五%しかないんです。でも欧米は全部一%です。一番少ないイギリスでも〇・八%で、イギリスはこの間白書を出して〇・八%を〇・九%にすると言っている。にもかかわらず、日本は〇・五%で、しかも困ったことに政府は国立大学に対する予算をまだ減らしたいというのが法人化後の方針です。

私はこんな国は一体本当の意味でサスティナブルになりえるのか疑問を持ってます。どうして二倍にできないのか、ほとんどの人が大学に入り始めているんですが、このままだと非常に質の悪い高等教育をやらざるを得ないことになっていく。

つまり、それは国民のニーズと違って、もっと別な、市場が求めている方へ、例えばデジタル放送とかへお金がドンドン回るようにしているんですが、それを変えなければいけないわけでして、そうしないと「サスティナブル・ソサイエティ」はできないと思います。

4　外来型発展から内発的発展へ

開発の方法としては、これまでの「外来型開発」から「内発的発展」に変えなければならないだろうと思っております。

私がこれを分かるようになったのは、ひとつは六〇年代にコンビナートを調査した結果です。「外来型開発」の典型が六〇年代におこなわれたコンビナートなんです。この図7にある大阪の堺・泉北コンビナートはコンビナートと一六〇社ですが、大阪の何万とある企業の中で四〇％の汚染物を出し、四〇％のエネルギーや二〇％の用水を使い、工業用地を使っている。にも拘らず、所得ではわずか七・八％、雇用でいっても一・七％、事業税では一・六％しか寄与していません。これが日本が高度成長時代に非常に華々しくやった工場誘致による開発の論理なんです。

図７　大阪府の産業全体に占める堺泉北コンビナートの割合

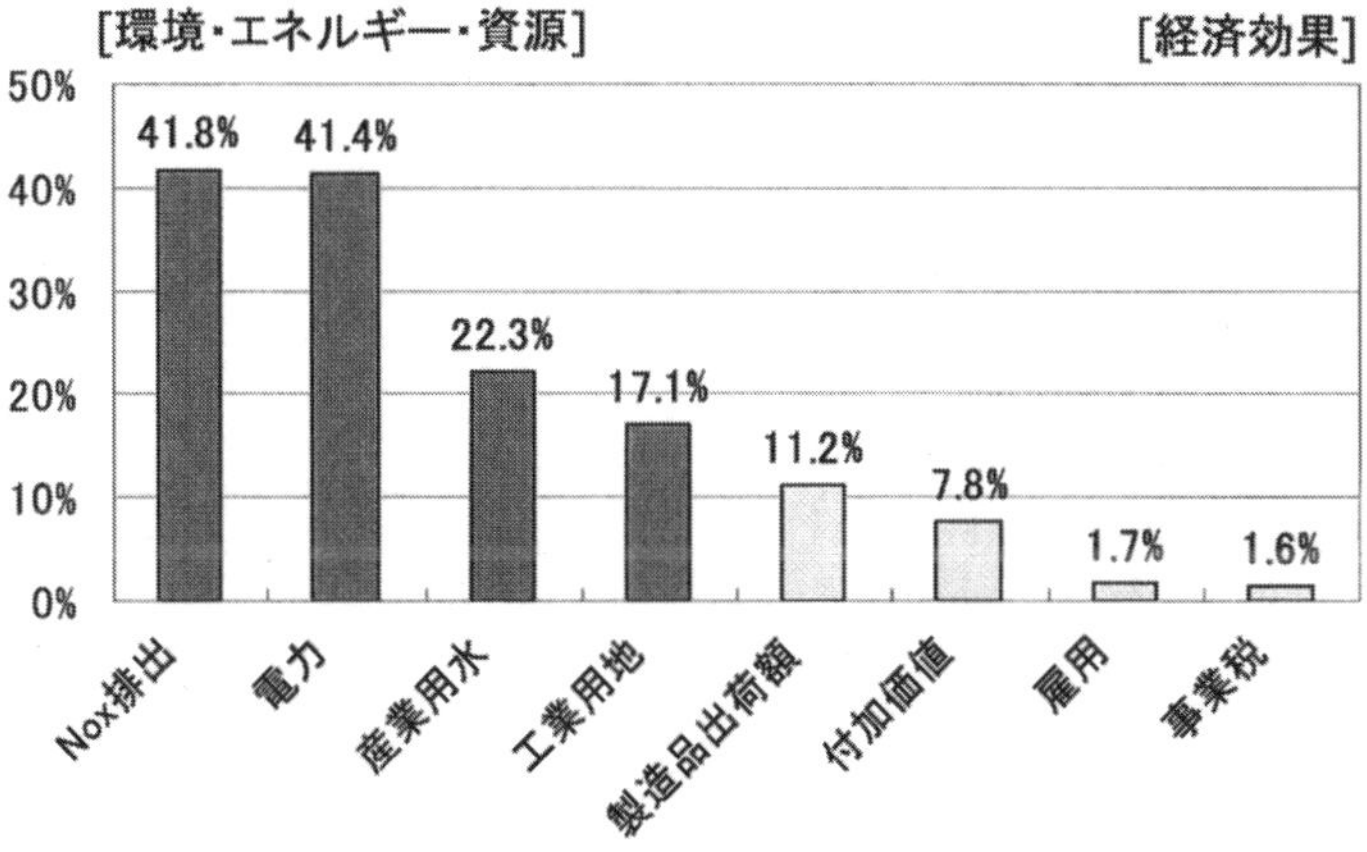

私は、こういう形では一時的に成長するように見えて実はその地域の発展にならない、もっと地域の資源、地域の人材を使いながら新しい開発をしていかなければならないというので、「内発的発展」論というのを言っているのです。実はこの「内発的発展論」は沖縄の大宜味村や読谷村、大分県の湯布院町や大山町、都市でいえば金沢市などで先例がありました。私はそれらに教えられて、内発的発展による地域開発を提唱したのです。

それはまず目的は環境を保全し、安全で健康で文化的な地域をつくるという総合開発でなければなりません。第二は方法としては地元の資源と人材をできるだけ活用する。地元で産業連関を密にして付加価値をつけるとともに、社会的剰余（利潤や租税）をできるだけ地元で再投資あるいは福祉の向上にまわす。主体は地元の個人、企業、自治体などで、外部から資本や人材を導入する場合も、あくまで、地元の自主性をつらぬく。

こういう原則にもとづいた内発的発展がサスティナブル・ソサイエティを生みだす方法なのです。

Ⅲ　足元から維持可能な社会（Sustainable Society）の創造

最後に結論的なことですが、先程私は維持可能な社会というものは今日の経済のグローバリゼーションや、あるいはアメリカの一国主義による軍事的な支配という下で、非常に難しくなっているということを言いました。確かに非常に難しい環境の下に今あります。

しかし、ヨーロッパはそういう全体のグローバリゼーションに目を奪われないで、足元からサスティナブル・ソサイエティを作ろうとしています。それがサスティナブル・シティーズ・プログラムというものでして、それが僕は大変参考になるのではないかと思っています。

1　EUの維持可能な都市（コミュニティ）

EUは、一九八五年に有名な『ヨーロッパ地方自治憲章』というものを出しまして、これを各国が承認をして非常に大きな改革を進めました。この『ヨーロッパ地方自治憲章』は僕は歴史に残る、一つの世界史の中での転換を現す憲章であったと思っています。これから分権を考え、自治を考えていく場合の教科書だと思っているのです。

その後、一九九七年にヨーロッパはさらに進んで『ヨーロッパ地域自治憲章草案』を出しました。これは州、県のレベルの憲章ですが、それらは明確に基礎的な自治体に内政の基本的な部分を移す、例えば、産業政策あるいは公共事業政策も日本のように政府が支配するんじゃなくて、基礎的な自治体に移すという原則です。基礎的な自治体がやり得ないものは州がやるわけで、州ができないものを中央政府がやるという「補完性原理」というものを明確にうたっているのです。日本ではこの「補完性原理」が歪められて伝えられてます。

そういう基礎的自治体を基本にして問題を考えるというのがEUの地方自治憲章ですが、これを土台にして出来上がったのがこの「維持可能な都市構想」です。

ここでは、

(a)その地域内で自然の資源、エネルギーを完全に循環ができるような管理をする。例えば、地域外から農産物を買ってくるとか、あるいはエネルギーを買うということをできるだけやめて、その地域内で資源やエネルギーを完全循環させていくような管理をする。

(b)社会システムを改革して環境ビジネスをできるだけ増やしていく。環境ビジネスというのはなにも廃棄物の処理だけではありません。リサイクリングあるいは環境の負荷を削減する商品をつくる産業です。そういう環境ビジネスを増大させて雇用を維持する。そのための財源として環境税を活用する。

(c)サスティナブルな輸送のための政策、サスティナブルトランスポォーテーションシステムと言っているんですが、公共輸送体系を充実させて車社会を制限する。さらに「交通を節約する」。都市というのは職住を近接させてできるだけ交通を節約する、そうすると自然も維持できるのです。都市が自動車と共に無限に広がっていくことによって自然も破壊するし、都市の集積の利益を無くしてしまう。そのようなことを止めると、できるだけ交通を節約する。

(d)空間的な計画では都市と農村をどう共存させるかということで、都市は集積不利益がでない範囲で集積をした空間にする。それに対して、農村は分散の利益を上げられるように、できるだけ自然を保全して安全な農産物を供給する基地にしていこう。

これがＥＵの「サスティナブル・シティーズ・プログラム」です。このプログラムは現実に実行されています。また都市だけでなく、イタリアのポー川流域では六万ヘクタールのパルコ（公園ですが規模が大きく、その中で住民が生活する）がつくられています。これは干拓地を湿地や海に再生するもので、一九八〇年代からおこなわれています。こういう環境再生がいまや欧米の新しい「開発事業」になっています。

2　日本の環境再生

日本の場合、最近ようやく、公共投資の改革が始まりました。中海・宍道湖の干拓計画の中止、ダムでいえば長野県の浅川下諏訪ダムの建設が中止されました。

一九九五年、西淀川公害裁判の和解に当たり、原告は被害救済のみならず、公害地域を安全で健康な社会に再生する事業を汚染企業に求め、賠償金のうち地域再生事業に一五億円を支出させました。そして「あおぞら財団」という環境再生を目的としたＮＰＯを設立しました。賠償金を個人に分配せず、環境再生という公共目的に支出しようという崇高な行為は社会に大きな影響を与えました。以後公害裁判で勝訴した川崎・水島・尼崎・名古屋などの公害患者が同じように賠償金を拠出して、環境再生事業に取り組みつつある。

図８　菜の花プロジェクトの資源循環の例

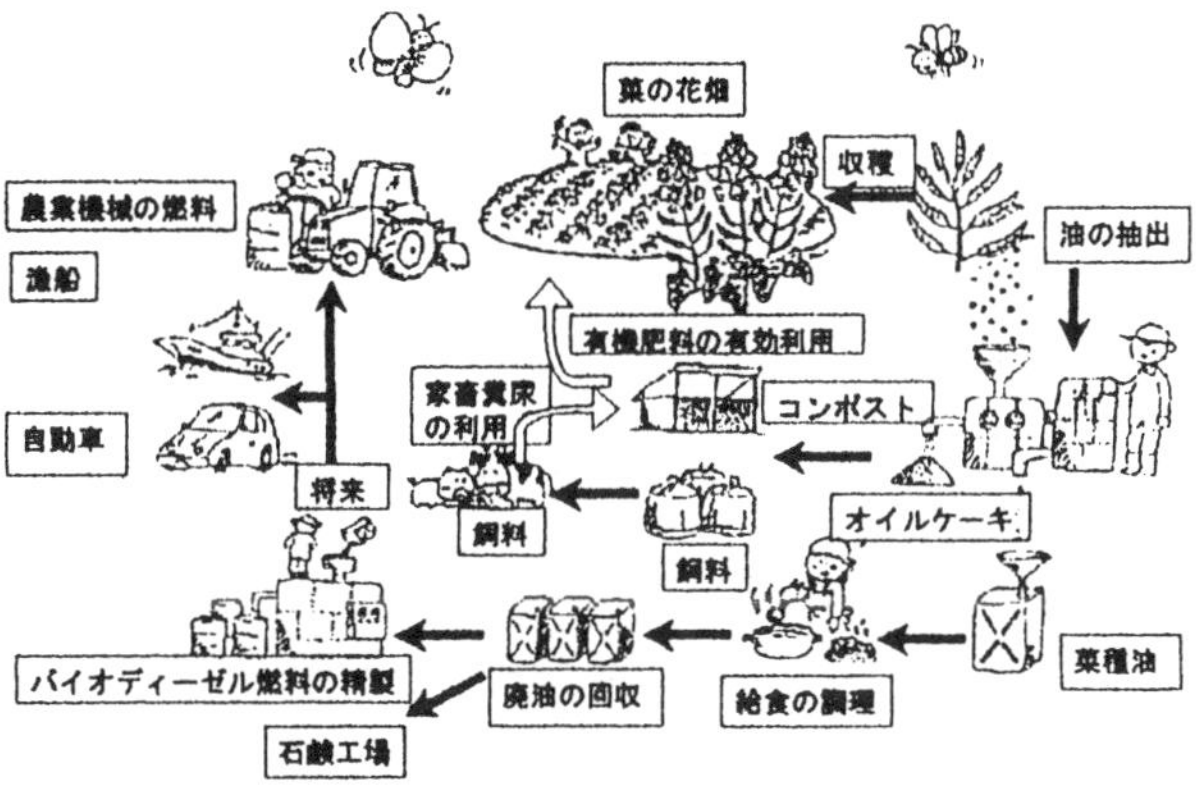

全国90地域に展開. 太陽光・風力・バイオエナジーなど自然エネルギーの導入.

自然再生では滋賀県の琵琶湖の浄化のために、干拓地を内湖に復元する計画がはじまっている。また滋賀県環境生活協同組合は、米の生産制限で休耕した農地に菜の花を栽培し、それで採取した天ぷら油を学校給食などの食用につかい、その廃油で自動車、農耕機や船のエンジンを動かすという完全循環方式を進めている。（図８参照）

この菜の花エコ・プロジェクトは滋賀県からはじまって、いま全国に波及し、韓国でも採用が検討されている。足元から地球環境を守ろうという運動は、いま日本でようやくはじまろうとしているといってよい。

私は完全循環社会を作りながらそういう新しい事態を見い出さなくてはならないんですが、これはやはり自治体とそれに協働するＮＧＯによって進められることになるだろうと思っております。

今日、土曜講座にお呼び頂きまして、ここは町村会が始めた講座ですが、大変自治体の方が熱心で、しかも今度はボランティアでおやりになっていると、こういうところで学習をされてたくさんの新しい知識を得てそれを実践するということが始まれば私はまたサスティナブルソサイエティに向かっての日本の動きが始まるのではないかと期待しているわけです。皆さん方の今後の期待をさせていただきます。

（本稿は二〇〇四年六月二六日、北海学園大学三号館四二番教室で開催された地方自治土曜講座の講義記録に補筆したものです。）

著者紹介

宮本　憲一（みやもと・けんいち）
大阪市立大学名誉教授、前滋賀大学長・同学名誉教授。
１９３０年　台北市生まれ。日本地方財政学会理事長、前自治体問題研究所理事長、日本環境会議代表理事等、歴任。
〈著書〉「社会資本論」（有斐閣、１９６７年）、「地域開発はこれでよいか」（岩波書店、１９７３年）、「日本の環境問題」（有斐閣、１９７５年）、「都市経済論」（筑摩書房、１９８０年）、「現代資本主義と国家」（岩波書店、１９８１年）、「経済大国」（小学館、１９８３年）、「環境経済学」（大月書店、１９８９年）、「環境と開発」（同、１９９２年）、「環境政策の国際化」（実教出版、１９９５年）、「環境と自治」（同、１９９６年）、「公共政策のすすめ」（有斐閣、１９９８年）、「都市政策の思想と現実」（同、１９９９年）「日本社会の可能性」（岩波書店、２０００年）、「日本の地方自治の歴史と現実」（自治体研究社、２００５年）。その他多数。

刊行のことば

「時代の転換期には学習熱が大いに高まる」といわれています。今から百年前、自由民権運動の時代、福島県の石陽館など全国各地にいわゆる学習結社がつくられ、国会開設運動へと向かう時代の大きな流れを形成しました。学習を通じて若者が既成のものの考え方やパラダイムを疑い、革新することで時代の転換が進んだのです。

そして今、全国各地の地域、自治体で、心の奥深いところから、何か勉強しなければならない、勉強する必要があるという意識が高まってきています。

北海道の百八十の町村、過疎が非常に進行していく町村の方々が、とかく絶望的になりがちな中で、自分たちの未来を見据えて、自分たちの町をどうつくり上げていくかを学ぼうと、この「地方自治土曜講座」を企画いたしました。

この講座は、当初の予想を大幅に超える三百数十名の自治体職員等が参加するという、学習への熱気の中で開かれています。この企画が自治体職員の心にこだまし、これだけの参加になった。これは、事件ではないか、時代の大きな改革の兆しが現実となりはじめた象徴的な出来事ではないかと思われます。

現在の日本国憲法は、自治体をローカル・ガバメントと規定しています。しかし、この五十年間、明治の時代と同じように行政システムや財政の流れは、中央に権力、権限を集中し、都道府県を通じて地方を支配、指導するという流れが続いておりました。まさに「憲法は変われど、行政の流れ変わらず」でした。しかし、今、時代は大きく転換しつつあります。そして時代転換を支える新しい理論、新しい「政府」概念、従来の中央、地方に替わる新しい政府間関係理論の構築が求められています。

この講座は知識を講師から習得する場ではありません。ものの見方、考え方を自分なりに受け止めてもらう。そして是非、自分自身で地域再生の自治体理論を獲得していただく、そのような機会になれば大変有り難いと思っています。

「地方自治土曜講座」実行委員長
北海道大学法学部教授　森　啓

（一九九五年六月三日「地方自治土曜講座」開講挨拶より）

地方自治土曜講座ブックレット No.101
維持可能な社会と自治体 ～『公害』から『地球環境』へ～

２００５年3月１０日　初版　　　定価（本体９００円＋税）

著　者　宮本　憲一
企　画　北海道町村会企画調査部
発行人　武内　英晴
発行所　公人の友社
〒112-0002　東京都文京区小石川５－２６－８
ＴＥＬ ０３－３８１１－５７０１
ＦＡＸ ０３－３８１１－５７９５
Ｅメール koujin@alpha.ocn.ne.jp
http://www.e-asu.com/koujin/

公人の友社のブックレット一覧

（05.2.20 現在）

「地方自治土曜講座」ブックレット

《平成7年度》

No.1
現代自治の条件と課題
神原勝　900円

No.2
自治体の政策研究
森啓　600円

No.3
現代政治と地方分権
山口二郎　[品切れ]

No.4
行政手続と市民参加
畠山武道　[品切れ]

No.5
成熟型社会の地方自治像
間島正秀　500円

No.6
自治体法務とは何か
木佐茂男　[品切れ]

No.7
自治と参加アメリカの事例から
佐藤克廣　[品切れ]

No.8
政策開発の現場から
小林　勝彦・大石和也・川村喜芳
[品切れ]

《平成8年度》

No.9
まちづくり・国づくり
五十嵐広三・西尾六七　500円

No.10
自治体デモクラシーと政策形成
山口二郎　500円

No.11
自治体理論とは何か
森啓　600円

No.12
池田サマーセミナーから
間島正秀・福士明・田口晃　500円

No.13
憲法と地方自治
中村睦男・佐藤克廣　500円

No.14
まちづくりの現場から
斎藤外一・宮嶋望　500円

No.15
環境問題と当事者
畠山武道・相内俊一　[品切れ]

No.16
情報化時代とまちづくり
千葉純・笹谷幸一　[品切れ]

No.17
市民自治の制度開発
神原勝　500円

《平成9年度》

No.18
行政の文化化
森啓　600円

No.19
政策法学と条例
阿倍泰隆　[品切れ]

No.20
政策法務と自治体
岡田行雄　[品切れ]

No.21
分権時代の自治体経営
北良治・佐藤克廣・大久保尚孝
600円

No.22
地方分権推進委員会勧告とこれからの地方自治
西尾勝　500円

No.23
産業廃棄物と法
畠山武道　[品切れ]

No.25
自治体の施策原価と事業別予算
小口進一　600円

No.26
地方分権と地方財政
横山純一　[品切れ]

《平成10年度》

No.27
比較してみる地方自治
田口晃・山口二郎　[品切れ]

No.28
議会改革とまちづくり
森啓　400円

No.29
自治の課題とこれから
逢坂誠二　[品切れ]

No.30
内発的発展による地域産業の振興
保母武彦　600円

No.31
地域の産業をどう育てるか
金井一頼　600円

No.32
金融改革と地方自治体
宮脇淳　600円

No.33
ローカルデモクラシーの統治能力
山口二郎　400円

No.34
政策立案過程への「戦略計画」手法の導入
佐藤克廣　500円

No.35
98サマーセミナーから「変革の時」の自治を考える
神原昭子・磯田憲一・大和田建太郎
600円

No.36
地方自治のシステム改革
辻山幸宣　400円

No.37
分権時代の政策法務
礒崎初仁　600円

No.38
地方分権と法解釈の自治
兼子仁　400円

No.39
市民的自治思想の基礎
今井弘道　500円

No.40
自治基本条例への展望
辻道雅宣　500円

No.41
少子高齢社会と自治体の福祉法務
加藤良重　400円

《平成11年度》

No.42
改革の主体は現場にあり
山田孝夫　900円

No.43
自治と分権の政治学
鳴海正泰　1,100円

No.44
公共政策と住民参加
宮本憲一　1,100円

No.45
農業を基軸としたまちづくり
小林康雄　800円

No.46
これからの北海道農業とまちづくり
篠田久雄　800円

No.47
自治の中に自治を求めて
佐藤　守　1,000円

No.48
介護保険は何を変えるのか
池田省三　1,100円

No.49
介護保険と広域連合
大西幸雄　1,000円

No.50
自治体職員の政策水準
森啓　1,100円

No.51
分権型社会と条例づくり
篠原　一　1,000円

No.52
自治体における政策評価の課題
佐藤克廣　1,000円

No.53
小さな町の議員と自治体
室崎正之　900円

No.54
地方自治を実現するために法が果たすべきこと
木佐茂男　[未刊]

No.55
改正地方自治法とアカウンタビリティ
鈴木庸夫　1,200円

No.56
財政運営と公会計制度
宮脇淳　1,100円

No.57
自治体職員の意識改革を如何にして進めるか
林嘉男　1,000円

《平成12年度》

No.58
北海道の地域特性と道州制の展望
神原勝　[未刊]

No.59
環境自治体とISO
畠山武道　700円

No.60
転型期自治体の発想と手法
松下圭一　900円

No.61
分権の可能性
スコットランドと北海道
山口二郎　600円

No.62
機能重視型政策の分析過程と財務情報
宮脇淳　800円

No.63
自治体の広域連携
佐藤克廣　900円

No.64
分権時代における地域経営
見野全　700円

No.65
町村合併は住民自治の区域の変更である。
森啓　800円

No.66
自治体学のすすめ
田村明　900円

No.67
市民・行政・議会のパートナーシップを目指して
松山哲男　700円

No.69
新地方自治法と自治体の自立
井川博　900円

No.70
分権型社会の地方財政
神野直彦　1,000円

No.71
自然と共生した町づくり
宮崎県・綾町
森山喜代香　700円

No.72
情報共有と自治体改革
ニセコ町からの報告
片山健也　1,000円

《平成13年度》

No.73
地域民主主義の活性化と自治体改革
山口二郎　600円

No74
分権は市民への権限委譲
上原公子　1,000円

No.75
今、なぜ合併か
瀬戸亀男　800円

No.76
市町村合併をめぐる状況分析
小西砂千夫　800円

No.77
自治体の政策形成と法務システム 福士明　[未刊]

No.78
ポスト公共事業社会と自治体政策
五十嵐敬喜　800円

No79
男女共同参画社会と自治体政策
樋口恵子　[未刊]

No.80
自治体人事政策の改革
森啓　800円

《平成14年度》

No.82
地域通貨と地域自治
西部忠　900円

No.83
北海道経済の戦略と戦術
宮脇淳　800円

No.84
地域おこしを考える視点
矢作弘　700円

No.87
北海道行政基本条例論
神原勝　1,100円

No.90
「協働」の思想と体制
森啓　800円

No.91
協働のまちづくり
三鷹市の様々な取組みから
秋元政三　700円

《平成15年度》

No.92
シビル・ミニマム再考
ベンチマークとマニフェスト
松下圭一　900円

No.93
市町村合併の財政論
高木　健二　800円

No.94
北海道自治のかたち論
神原　勝　[未刊]

No.96
創造都市と日本社会の再生
佐々木雅幸　800円

No.97
地方政治の活性化と地域政策
山口二郎　800円

No.98
多治見市の政策策定と政策実行
西寺雅也　800円

No.99
自治体の政策形成力
森啓　700円

《平成16年度》

No100
自治体再構築の市民戦略
松下圭一　900円

No.101
維持可能な社会と自治体
～『公害』から『地球環境』へ～
宮本憲一　900円

「地方自治ジャーナル」
ブックレット

No.2
政策課題研究の研修マニュアル
首都圏政策研究・研修研究会
1,359円

No.3
使い捨ての熱帯林
熱帯雨林保護法律家リーグ 971円

No.4
自治体職員世直し志士論
村瀬誠　971円

No.5
行政と企業は文化支援で何ができるか
日本文化行政研究会　1,166円

No.7
パブリックアート入門
竹田直樹　1,166円

No.8
市民的公共と自治
今井照　1,166円

No.9
ボランティアを始める前に
佐野章二　777円

No.10
自治体職員の能力
自治体職員能力研究会　971円

No.11
パブリックアートは幸せか
山岡義典　1,166円

No.12
市民がになう自治体公務
パートタイム公務員論研究会
1,359円

No.13
行政改革を考える
山梨学院大学行政研究センター
1,166円

No.14
上流文化圏からの挑戦
山梨学院大学行政研究センター
1,166円

No.15
市民自治と直接民主制
高寄昇三　951円

No.16
議会と議員立法
上田章・五十嵐敬喜　1,600円

No.17
分権段階の自治体と政策法務
松下圭一他　1,456円

No.18
地方分権と補助金改革
高寄昇三　1,200円

No.19
分権化時代の広域行政
山梨学院大学行政研究センター
1,200円

No.20
あなたのまちの学級編成と地方分権
田嶋義介　1,200円

No.21
自治体も倒産する
加藤良重　1,000円

No.22
ボランティア活動の進展と自治体の役割
山梨学院大学行政研究センター
1,200円

No.23
新版・2時間で学べる「介護保険」
加藤良重　800円

No.24
男女平等社会の実現と自治体の役割
山梨学院大学行政研究センター
1,200円

No.25
市民がつくる東京の環境・公害条例
市民案をつくる会　1,000円

No.26
東京都の「外形標準課税」はなぜ正当なのか
青木宗明・神田誠司　1,000円

No.27
少子高齢化社会における福祉のあり方
山梨学院大学行政研究センター
1,200円

No.28
財政再建団体
橋本行史　1,000円

No.29
交付税の解体と再編成
高寄昇三　1,000円

No30
町村議会の活性化
山梨学院大学行政研究センター
1,200円

No.31
地方分権と法定外税
外川伸一　800円

No.32
東京都銀行税判決と課税自主権
高寄昇三　1,000円

No.33
都市型社会と防衛論争
松下圭一　900円

No.34
中心市街地の活性化に向けて
山梨学院大学行政研究センター
1,200円